高素质实用型人才培养教材

普通高等教育园林园艺类"十三五"规划教材

# 园林生态学实验与实践

主　编 ○ 刘　旭　张翠丽　迟春明

副主编 ○ 卜东升

U0271745

西南交通大学出版社

·成　都·

**图书在版编目（ＣＩＰ）数据**

园林生态学实验与实践 / 刘旭，张翠丽，迟春明主编. 一成都：西南交通大学出版社，2015.6
高素质实用型人才培养教材. 普通高等教育园林园艺类"十三五"规划教材
ISBN 978-7-5643-3985-2

Ⅰ. ①园… Ⅱ. ①刘… ②张… ③迟… Ⅲ. ①园林值物 – 植物生态学 – 实验 – 高等学校 – 教材 Ⅳ. ①S688.01

中国版本图书馆 CIP 数据核字（2015）第 139132 号

高素质实用型人才培养教材
普通高等教育园林园艺类"十三五"规划教材

**园林生态学实验与实践**

主编　刘 旭　张翠丽　迟春明

| | | |
|---|---|---|
| 责 任 编 辑 | 胡晗欣 | |
| 封 面 设 计 | 何东琳设计工作室 | |
| 出 版 发 行 | 西南交通大学出版社<br>（四川省成都市金牛区交大路 146 号） | |
| 发 行 部 电 话 | 028-87600564　028-87600533 | |
| 邮 政 编 码 | 610031 | |
| 网 　 址 | http://www.xnjdcbs.com | |
| 印 　 刷 | 成都勤德印务有限公司 | |
| 成 品 尺 寸 | 170 mm × 230 mm | |
| 印 　 张 | 11.75 | |
| 字 　 数 | 206 千 | |
| 版 　 次 | 2015 年 6 月第 1 版 | |
| 印 　 次 | 2015 年 6 月第 1 次 | |
| 书 　 号 | ISBN 978-7-5643-3985-2 | |
| 定 　 价 | 28.00 元 | |

课件咨询电话：028-87600533
图书如有印装质量问题　本社负责退换

# 前　言

　　园林生态学作为生态学的一个分支学科，在城镇园林绿化中的作用日益突出。随着我国新型城镇化建设进程的日益加快，环境问题越来越引起人们的高度关注。如何运用生态学的原理及方法，将园林生物与其周围自然环境和人类社会环境作为一个整体，建造适宜人类居住和工作的生态环境是园林生态学的主要任务。

　　园林生态学主要研究对象是园林生态系统，所涉及的知识面广，学科交叉性强，具有极强的实践指导意义。目前，我国多数高等院校相关专业都开设了"园林生态学"课程。笔者经过多年教学实践，在前人已有的基础上编写了《园林生态学实验与实践》，旨在通过理论联系实际，加深学生对理论知识的认识，锻炼学生动手能力和实际操作能力，培养学生的团队合作精神和组织管理能力，同时提高学生的生态环保意识。

　　本书共分上下两篇，上篇包括 21 个实验，下篇包括 15 个实习。实验部分包括生态因子主要测定仪器的使用、影响园林植物生存和繁殖的气候因子和土壤因子的测定、园林植物特性的测定、园林植物种群及群落结构及生态效应的测定；实习部分包括植物群落野外调查方法、气候因子及土壤因子的野外取样和调查方法、植物种群密度效应分析、植物群落结构及生态效应的调查分析等。各院校可根据实际教学条件及当地自然环境选择本实践教学指导书中的部分内容开展实验教学和实习教学。

　　本书在编写上，尽量做到条理清晰、语言简洁、表达直观。每章内容都是由目的、原理、所需仪器与材料、具体操作步骤、结果计算与分析、实验报告内容等部分组成。章节安排上与《园林生态学》教材相配套。

　　本书编写过程中综合参考了大量生态学及其相关学科的书籍文献，在此谨向参阅的各书籍文献的作者致以诚挚的谢意！由于时间和水平有限，书中难免存在疏漏和不当之处，恳请不吝指正。

编　者
2015 年 3 月

# 目　录

# 下篇　园林生态学实习

# 上篇

## 园林生态学实验

# 实验一
# 主要环境因子测定仪器及其使用方法

## 一、日的要求

通过实验让学生认识和掌握生态因子测定仪器的种类及使用方法，了解各生态因子仪器在使用时的注意事项及影响测定结果的主要因素，为以后的实验或工作奠定基础。

## 二、实验内容

测量气温、空气湿度、光照强度、土壤温度、pH 值、海拔高度、土壤松紧度及植物郁闭度。

## 三、主要仪器设备

温度计，湿度计，照度计，土壤温度计，pH 计，海拔仪，土壤硬度计，郁闭度测定器。

## 四、实验步骤

先逐一向学生介绍并演练各生态因子测定仪器的使用方法，讲解使用时的注意事项，随后，让学生实际操作，使其掌握各生态因子测定仪器的使用和观测方法。

# 五、仪器使用

## （一）TY-9800A 型红外线二氧化碳分析仪

### 1. 用　途

本仪器适用于卫生防疫、环境保护、科研及厂矿等领域检测 $CO_2$ 浓度，也适用于测量植物的光合作用。

### 2. 仪器结构

由液晶显示器、电源开关、低电压显示灯、充电器插座、电池盖、标定仪器时标准气入口。

### 3. 操作方法

① 将电源开关按下，打开电源。
② 等待约 1 min 仪器显示稳定即可读数。
③ 直接读数为 ppm 值。ppm 值可与百分数直接换算（1 ppm = 1 × $10^{-6}$）。

### 4. 注意事项

① 仪器前面板上红灯（或黄灯）亮后，请关机充电，过放电会影响电池使用寿命。
② 当仪器长时间放置不用时，最好每两个月给仪器充电一次，以保证电池完好耐用。

## （二）CD-2A 型大气采样器

### 1. 用　途

本仪器适用于工程质量室内检测、环境监测站、科研单位、大专院校、疾病控制中心、工矿企业、环保部门等相关单位，采集空气中的 TVOC、$SO_2$、$Hg_2$、$Cl_2$、$H_2S$ 等气体样品。

### 2. 仪器结构

主机由吸气泵、流量计、定时器、机箱等组成。

外附设备由多孔玻璃吸收管、滤水井、外挂支架、高级三脚架、铝机箱组成。

### 3. 操作方法

① 将采样器面向所检测方向水平放置在呼吸带高处。

② 将外挂支架插入主机侧面的 2 个法兰盘内，向下压紧、卡住。

③ 连接好外部附件，如图 1.1-1 所示。

④ 接通电源，打开电源开关数码管点亮。

⑤ 选择面板上的气路转换开关。

⑥ 定时器时间调整，数码管显示的时间单位为 . min。

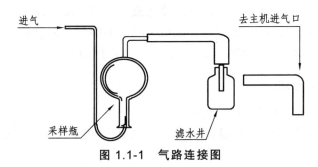

**图 1.1-1 气路连接图**

A. 用 ×10 键或 ×1 键设定所需采样时间，按启动调整键，气泵将开始运转，旋转流量调节钮到规定流量。

B. 定时器的计时显示随时间变化而递减，绿灯发光管不断闪烁，当达到预定时间后数码管显示为 "0"，绿色发光管停止闪烁。

C. 绿色发光管常亮为存储状态（时间不能调整），如果调整时间只需重新按动启动按钮，数码管将重现上一次设定时间，绿灯发光管熄灭，此时进入时间调整状态，可重新设定采样时间。时间设定后按启动按钮，气泵将再一次运转工作。

D. 气泵工作中如果需要修改时间可随时关闭电源开关，系统将自动清零。

### 4. 注意事项

① 使用前，严格按气路图连接外部附件。

② 附件之中的滤水井必须安装正确，否则在使用以水为媒介的检测中，因流量调节过大水被吸入泵体，会造成气泵损坏。

5

③ 当使用机内稳压电源供电时连续工作时间不应超过 8 h，以利于提高整机的工作寿命。

## （三）DYM3 型 空盒气压表

### 1. 用途

本仪器适用于气象、军事、航空、航海、农业、测量、地质、工矿企业和科研等领域测量大气压力。

### 2. 仪器结构

由指针、指针轴、游丝、指针轴托板、表盘、反光镜、表盘固定轴、上托板、托板固定轴、温度表、扇形齿轮、中间轴、调节螺钉、配重块、连接杆、空盒组、调节器、下托板、安装螺钉组成。

### 3. 操作方法

① 将空盒气压表水平放置。

② 读数前用手指轻轻扣敲仪器外壳或表面玻璃，以消除传动机构中的摩擦。

③ 观察时指针与镜面指针相重叠，此时指针所指数值即为气压表示值，读数精确到小数一位。

④ 读取气压表上温度表示值，精确到小数一位。

⑤ 气压值的订正（仪器上读取的气压表示值只有经过订正后才能使用）。

A. 温度订正：环境温度的变化，将会对仪器金属的弹性产生影响，因此必须进行温度订正。温度订正值计算公式为：

$$\Delta P_t = a \cdot t$$

式中　$\Delta P_t$——温度订正值（hPa）

　　　$a$——温度系数值（hPa/℃，检定证书上附有）；

　　　$t$——温度表读数（℃）。

B. 示度订正：由于空盒及其传动的非线性，当气压变化时就会产生示值误差，因此必须进行示度订正。求算方法：根据检定证书上的示度订正值，在气压表示值相对应的气压范围内，用内插法求出订正示值 $\Delta P_s$（hPa）。

C. 补充订正：为消除空盒的剩余变形对示值产生的影响，从检定证书上得到补充订正值$\Delta P_d$（hPa）。

D. 大气压力的计算公式：

$$P = P_s + (\Delta P_t + \Delta P_s + \Delta P_d)$$

式中　　$P$——大气压力（hPa）；

　　　　$P_s$——表盘读数（hPa）；

　　　　$\Delta P_t$——温度订正值（hPa）；

　　　　$\Delta P_s$——订正示值$\Delta P_s$（hPa）；

　　　　$\Delta P_d$——补充订正值（hPa）。

### 4. 注意事项

① 仪器工作时必须水平放置，以防止倾斜造成的读数误差。

② 不得擅自调动调节螺钉，以免增加仪器的误差。

③ 由于仪器的补充订正值随时间而改变，因此补充订正值（$\Delta P_d$）不得超过 6 个月使用期限，超过时必须重新进行检定。

④ 切勿将塑料外壳内仪器取出，以免造成不必要的损坏。

## （四）SCG-1 型视距测高器

### 1. 用途

用于测量树木，建筑物等各种目标高度和高度差，以及地形地物的坡脚。

### 2. 仪器结构

仪器由望远镜、指针面表、视距表、指针制动按钮、扳机、准星角规组成，附专用标尺一支。

### 3. 操作方法

（1）测坡度。

① 在被测树干眼高处挂上专用标尺，选择一定的距离，调节目镜和物镜使视场中视距丝和目标影像同时清晰。

② 先启动指针按钮，照准树干眼高处（约 1.5 m），待指针静止时扣

动扳机，在指针面表最下一行上读出坡度。

（2）测距离。

① 按指针面表上的标示选择适当的地面距离（10 m，15 m，20 m 或 30 m），根据上述方法测出坡度，若坡度超出 4°，则按视距表换算出在该坡度、该定距的视距读数。

② 测距离时前进或后退，使视距与换算出的视距读数相符，即为测点至被测树基的水平距离。测距离时也可不用专用标尺，通过皮尺和测高器分别测出斜距和坡度，查出水平距后以皮尺确定测点位置。

（3）测树高。

在确定的测点上，按下启动按钮，将望远镜十字丝中心照准树梢，稍停 2~3 s，待指针静止后扣动扳机，在指针面表相应距离一栏的读数带上读取树梢读数；再照准树干基部，同样测出树基读数。眼高在树梢与树基之间时，两读数值相加即为树高；若人站在坡下，眼高在树基以下，则树梢读数减去树基读数为树高；若人站在坡上，眼高位于树梢之上，树高为树基读数减去树梢读数。

（4）角规测定。

在测高器准星上设置了 1 cm 的角规缺口，可进行样地角规测定。

### 4. 注意事项

① 测树高时一定要先确定适宜水平距离的测点，然后在测点上进行测定，并在仪器面表相应距离的刻度带上读取树高值。

② 仪器望远镜照准目标后，应使指针自然下垂，避免手扳动，静止后才扣动扳机。

## （五）TES-1336A 数位式照度计

### 1. 用途

本仪器是用于测量照度大小的。

### 2. 仪器结构

由测光探头和读数单元两部分组成，通过电缆和插座连接。读数单元由液晶显示器和各操作按键组成，各操作按键的作用为：

"ON/OFF"：电源开关键，按下此键为电源接通状态，自锁键，再按

此键抬起为电源断开状态。

"HOLD"：保持键，按下此键为数据保持状态，自锁键，再按此键抬起为数据采样状态，测量时应抬起此键。

"MAX"：最大值锁定键，按下此键将设定为最大值锁定模式，再按此键一次则解除最大值锁定。

"Lux/Fc"：单位转换键，按此键可照度单位互换。

"RANGE"：挡位切换键，可选择 20、200、2 000、20 000 Lux/Fc。

"REC/ERASE"：记忆/清除键，按此键一次，将记录当时量测值一笔；持续按此键 3 s，则为连续记录测量值模式，再按一次则停止记录；当记录模式被启动后，"Lux/Fc"和"RANGE"按键暂时失效，当记录组数超过 255 组或资料笔数总共超过 16 000 笔时，液晶显示器上出现"Full"表明储存空间已满，不能再记录；在关机状态按住此键同时打开仪表电源并持续 3 s，显示器上出现"dEL"并闪烁三次，表示记忆的资料被清除。

### 3. 操作方法

① 压拉后盖，检查电池（9 V 积层电池）是否装好。

② 按下"ON/OFF"键，将测光探头插入读数单元的插孔内，完全遮盖探头光敏面，检查读数单元是否为"0"。若不为"0"时按"ZERO"进行归零调整。

③ 打开探头护盖，将探头置于待测位置，光敏面向上，根据光照强弱选择适宜的量程键按下，此时显示窗口显示数字，该数字与量程的乘积即为照度值（单位：lx，勒克斯）。

④ 如果显示窗口左端只显示"1"，表明照度过载，应改用更大的量程键；或表明在按量程键前已误将"HOLD"键先按下；若显示窗口读数小于或等于 19.9 lx，则改用更小的量程键，以保证数值更精确。

⑤ 欲将测量数据保持以便记录则按下"HOLD"键，读取数值后再按下一次，将"HOLD"键抬起。禁止在未按下量程键前按下"HOLD"键。

⑥ 测量完毕后，按下"ON/OFF"键关机。小心取出探头插头，盖上探头护盖。

### 4. 注意事项

① 电缆线两端严禁拉动而松脱，测点转移时应关闭电源键，盖上探头护盖。

② 测量时探头应避免人为遮挡等影响，探头应水平放置使光敏面向上。

③ 当液晶显示板左侧出现"LOBAT"字样或"←"符号时，应更换电池。

④ 勿在高温高湿场所使用。

## （六）TES-1360 型便携式温湿度计

### 1. 用途

用于测定大气的温度和湿度。

### 2. 仪器结构

由仪表体和温湿度感应器组成。仪表体由液晶显示器和各操作按键组成，各操作按键的作用为：

"POWER"：电源开关键，将此键推至"ON"的位置为打开，推至"OFF"的位置为关闭。

"HOLD"：读数锁定键，将此键推至"ON"的位置，将锁住目前所测的数值，推至"OFF"的位置为关闭。

"FUNCT"：温度、湿度选择键，将此键推至"%RH"的位置，液晶显示器上将显示湿度值；将此键推至"℉"或"℃"的位置，液晶显示器上将显示温度（℉或℃）数值。

"WET"：高湿度校正点。

"DRY"：低湿度校正点。

"OUTPUT"：类比信号输出端。

### 3. 操作方法

① 将电池盖打开，装上一枚 9 V 电池。

② 将"POWER"键推至"ON"的位置，打开电源。

③ 将"FUNCT"键推至温度（℉或℃）或湿度（%RH）位置，液晶显示器上将显示相应的数值。

④ 将"HOLD"键推至"ON"的位置，将锁住目前所测的数值，推至"OFF"的位置为关闭。

⑤ 测完后关上电源开关。

### 4．注意事项

① 避免碰撞感应器头或直接将感应器头暴露在强电磁场下。

② 感应器头不能放在水中或溶剂中，如若有灰尘可用空气或酒精擦拭。

③ 当电池电力不足时，则液晶显示器上将显示"BT"指示，表示必须更换电池。

## （七）BKT381 海拔仪

### 1．用途

主要用于测量位置高度（绝对高度），高度差，大气压力。

### 2．仪器结构

主要由海拔气压表盘、指北针、温度计及表带组成，指北针和温度计附在表带上。海拔气压表盘的外盘为海拔刻度盘，内盘为气压刻度盘，背面按钮为表带扣钮。

### 3．操作方法

① 在已知海拔高程点，拧动海拔气压表盘外盘，直到红色指针正对已知高程刻度。

② 到达测定地点后，从海拔气压表盘外盘上读出指针指示的高度，即测点海拔高度。

③ 可从内盘上读出测点处气压值，从温度计上读出测点大气温度，并用指北针测定朝向。

### 4．注意事项

① 在已知海拔高程点校准好海拔仪后，不要拧动海拔气压表盘，以免海拔读数不准。

② 在携带和操作过程中，注意随时按下表带扣钮，防止海拔气压表盘、温度计和指北针掉地损坏。

③ 使用前请轻拍仪器以确保读数准确。

④ 请勿将仪器长期暴露于恶劣条件下。

⑤ 必要时应进行海拔高程指示值校正。

## （八）TE-3 型土壤硬度计

### 1. 用途

主要用于土壤硬度的快速测定，测定土壤楔入阻力，以了解不同深度土壤的松紧程度。

### 2. 仪器结构

由顶头螺钉、螺旋杆、记录盘插销、记录筒、弹簧上盖、8110 轴承、挡销、弹簧上盖螺帽、伞齿轮（A）、伞齿轮（B）、螺套、测力接杆、测头、纸筒旋钮、记录笔、笔芯、应变弹簧（0.25 kN，0.05 kN，0.75 kN 各一个）、弹簧支座、8104 轴承、踏板、把手、摇柄、记录纸等部分组成。

（1）安装或更换弹簧。

土壤硬度大时安装 0.75 kN 弹簧，土壤硬度小时安装 0.25 kN 弹簧，一般装上 0.50 kN 弹簧。

① 从仪器箱中取出仪器，旋下螺旋杆上的顶头螺钉。

② 拔出记录插销，并取下记录盘。记录盘上有两只挡销，只有将记录盘旋到某一特定位置时，挡销才能从弹簧上盖螺帽的槽中通过，即可取下记录盘。

③ 取下 8110 轴承花兰，旋下弹簧上盖螺帽取出。

④ 装入或更换所需规格的弹簧，并根据卸装顺序反向装上所有部件。

（2）土壤硬度测定。

① 取出仪器，装上把手、摇把、踏板、测力接杆和测头。如果用 0.75 kN 弹簧，踏板的安装位置与摇柄和把手垂直以利两人操作，否则踏板与摇柄和把手平行。

② 翻下记录笔，旋下记录盘中一只纸筒，将记录纸带装在一只纸筒上，然后装进记录盘，再将纸带的一端绕过记录盘的外表面后插进另一纸筒中，拧动记录盘上螺帽绷紧记录纸带。

③ 旋下记录笔夹，插入笔芯，使笔芯伸出 3 mm 左右旋紧笔夹，翻上记录笔使其压在记录纸带上。

④ 拔出记录盘上的插销，逆时针摇动摇把使测杆上升，直至螺旋杆上刻度的"0"线与记录盘顶端相平为止。将记录盘上的插销插入螺旋杆的螺旋槽中（若只测定测点土壤的最大硬度，插销插入螺旋杆的直槽中即可）。

⑤ 将仪器置于测点上，用双脚踏住踏板，顺时针摇动摇把，测头即逐步楔入土壤中，直至螺旋杆上的顶头螺针与记录盘相碰为止（即最大深度 20 cm）。在测量过程中要时刻注意记录笔在记录纸上的记录情况，如果记录笔在记录纸上的垂直方向移动很少，说明仪器中的应变弹簧太硬，应换小一级的弹簧（如 0.25 kN 弹簧）；如果记录笔在记录纸上的垂直方向移动过大（即超过 40 mm），应立即停止工作，否则记录笔与记录盘上沿的凸边相碰会损坏仪器，可更换更大一级弹簧（如 0.75 kN 弹簧）；若土壤硬度太大而没有更硬的应变弹簧可更换，则应统一减小测头楔入土壤的深度（如 10 cm 或 5 cm 即可）。

⑥ 将记录笔翻到向下位置（与记录纸脱离），反向摇动摇把使螺旋杆返回，该测点的测量完成。

⑦ 在记录纸上的记录线处标上测点号以防测点混淆，或立即量测记录线的最大垂直高度（mm）。旋动记录盘上螺帽以转动记录纸带，重复上述④，⑤，⑥步骤进行另一测点测定。

（3）土壤硬度值查对。

① 取下记录纸带，记载量程（即应变弹簧 0.25 kN、0.50 kN、0.75 kN 三级的级别）、示值（即记录纸带上相应测定的垂直距离——弹簧变形，mm）。若需测定不同深度的土壤硬度（0～20 cm 深范围内），必须在测定时将记录盘上的插销插入螺旋杆的螺旋槽中，而不是直槽中，使记录笔水平移动。测量记载所需深度（记录线水平移动距离，实际深度 = 1 : 2）的垂直距离示值（mm）。

② 在测定量程的"仪器标定曲线"上（见使用说明书），根据弹簧变形（即垂直距离示值，mm）查出各示值相应的硬度值（kN/cm²）。

## 3. 注意事项

① 每次测定前应检查各连接件是否紧固，轴承与螺旋杆上的直槽与斜槽内可使用轻机油润滑。

② 应根据土壤硬度更换相应大小的应变弹簧，以便精确测定或避免损坏仪器。测定时摇柄难摇动、记录笔上升太快或踏板踏压困难时，可能碰上石头等坚硬物质，应立即停止测定，可适当移动测点后再测。

③ 避免仪器碰撞；小心翻动记录笔，翻上记录笔时应轻放，以免碰断笔芯。

④ 测完时应在翻下记录笔后反向摇动摇把使螺旋杆返回，不可直接

从土壤中拔出测力接杆及测头，更不能摇动仪器以免测力接杆折断在土壤中。

⑤ 每次测定完成后应擦净泥污，卸下所装部件放入仪器箱中保存。

⑥ 仪器出厂时附有弹簧标定曲线，在需要时可重新进行弹簧刚度标定（可在整机上进行）。

### （九）郁闭度测定器

#### 1. 用途

用于测定植物投影盖度。

#### 2. 仪器结构

由球冠镜、计点盘、压环和底盘组成。

#### 3. 操作方法

① 在需测定林分中，选取若干个测点，水平放置郁闭度测定器，使得树冠投影落在球冠镜上。

② 数取被树冠覆盖的点数，记录。

③ 同样数取其他测点的覆盖点数，记录。

#### 4. 注意事项

① 郁闭度测定器要水平放置，确保树冠投影正确聚焦。

② 注意测定者本身的投影干扰。

## 六、实验报告

总结各仪器的使用方法、使用注意事项、影响测定结果的因素等。

# 实验二
# 光周期对植物开花的影响

## 一、实验目的

光周期是指植物通过感受昼夜长短变化而控制开花的现象。通过实验，使学生更好地了解光周期对植物生长发育的影响，特别是对植物开花的诱导作用，从而更好地理解光对植物的生态作用及植物对光的适应。

## 二、实验原理

由于地球的公转与自转，地球上日照长短成周期性变化。每种植物经过长期的自然进化，对日照时间长短形成了特有的适应，根据植物对日照长短的适应可将其分为长日照植物、短日照植物、中日照植物和日中型植物。长日照植物是指在日照时间长于一定数值（一般 14 h以上）才能开花的植物，如冬小麦、大麦、油菜、甜菜、菠菜和天仙子等，而且光照时间越长，开花时间越早；短日照植物则是日照时间短于一定数值（一般少于 10 h）才能开花的植物，如水稻、棉花、大豆、烟草、牵牛和菊花等。中日照植物的开花要求昼夜长短比例接近相等（12 h 左右），如甘蔗。在任何日照条件下都能开花的植物是日中型植物，如番茄、黄瓜、辣椒、四季豆和蒲公英等。了解植物对光周期适应特性对植物引种驯化很重要，一般我国南方开花植物多为短日照植物，而北方开花植物多为长日照植物；在园林绿化上也可以利用植物的光周期现象来控制植物的开花时间，以便满足造景观赏的需要。

## 三、实验仪器及材料

光照培养箱，天平，烧杯，花盆，育苗杯、标签，4‰的 $KMnO_4$ 溶液，营养土，植物种子（菠菜、菊花及蒲公英）。

## 四、实验步骤

### 1. 植物幼苗培育

将植物种子用 4‰的 $KMnO_4$ 灭菌 10 min，用去离子水洗净，种植到育苗杯中，放置于 28℃ 光照培养箱内，待第一片真叶成形时移栽至花盆中。

### 2. 光周期诱导实验

（1）取 24 个花盆，每盆装营养土 1.5 kg，分成 3 组，每组 8 个花盆。第一组每盆移栽菠菜幼苗 1～2 株；第二组每盆移栽菊花幼苗 1～2 株；第三组每盆移栽蒲公英幼苗 1～2 株，每个花盆贴上标签以便观察记录。

（2）将三个光照培养箱光照时间分别调至日照时间为 15 h、12 h 和 8 h，温度均调至 26～28 ℃，保持其他管理措施一致。每个光照培养箱内放置三种植物各 2 盆，每种植物剩余的 2 盆放在自然环境下观察。

（3）注意观察三种植物在不同日照时间的变化情况，观察内容有植株高度、叶片数、现蕾期、蕾数、开花期等（其中植株高度、叶片数 7 d 记录一次），记录在表 1.2-1、表 1.2-2 中。

表 1.2-1　菠菜（菊花、蒲公英）生长状况记录表

| 日期 | 指标 | 编　号 | | | | | | | |
|---|---|---|---|---|---|---|---|---|---|
| | | 1 | 2 | 3 | 4 | 5 | 6 | 7 | 8 |
| 月　日 | 株高/cm | | | | | | | | |
| | 叶片数/个 | | | | | | | | |
| | … | | | | | | | | |
| 月　日 | 株高/cm | | | | | | | | |
| | 叶片数/个 | | | | | | | | |

表 1.2-2　三种植物开花状况记录表

| 种类 | 现蕾期 | 蕾　数 | | | | | 开花期 |
|---|---|---|---|---|---|---|---|
| 菠菜 | 1 | | | | | | |
| | … | | | | | | |
| | 8 | | | | | | |
| 菊花 | 1 | | | | | | |
| | … | | | | | | |
| | 8 | | | | | | |
| 蒲公英 | 1 | | | | | | |
| | … | | | | | | |
| | 8 | | | | | | |

## 五、实验报告

（1）根据实验结果分析光周期对三种植物生长和开花各有何影响？

（2）根据光周期现象的原理，说明南种北引或北种南引工作中应注意哪些问题？

# 实验三
# 园林植物生长有效积温的测定

## 一、实验目的

植物生长有效积温是指对植物生长发育起有效作用的温度总和。通过实验，使学生掌握影响植物生长发育有积温的测定方法，进一步理解温度的生态作用及植物对温度的适应。

## 二、实验原理

每一种植物都需要温度达到一定值时才能够开始发育和生长，这个温度在生态学中称为发育阈温度或生态学零度，是植物生长发育的临界值。植物在生长发育过程中必须从环境摄取一定的热量才能完成某一阶段的发育，而且植物各个发育阶段所需要的总热量是一个常数，其公式为：

$$K = N(T - C)$$

式中　$K$——植物完成某阶段发育所需要的总热量，用"日度"表示；
　　　$N$——发育历期，即完成某阶段发育所需要的天数，用"天"表示；
　　　$T$——发育期间的平均温度，用"℃"表示；
　　　$C$——该植物的发育阈温度，用"℃"表示。

## 三、实验仪器及材料

光照培养箱，育苗杯，培养皿（直径 9 cm），镊子，小烧杯，滤纸，4‰的 $KMnO_4$ 溶液，营养土，园林植物种子（百日草、凤仙花、毛刺槐等）。

## 四、实验步骤

### 1. 种子的预处理

将植物种子用 4‰ 的 $KMnO_4$ 灭菌 10 min，用去离子水洗净，备用。

### 2. 发育阈温度的测定

（1）挑选大小均一、饱满的消毒好的植物种子放入铺有双层滤纸的培养皿中，每个培养皿中均匀放入 20 粒种子，加入约 5 mL 凉开水（煮沸后冷却）。

（2）将培养皿分别放在 5℃、8℃、11℃、14℃、17℃ 的培养箱内，重复 3 次（Ⅰ、Ⅱ、Ⅲ）。种子胚根长出 1 mm 视为萌发，每天定时记录培养皿中种子萌发的数量，直到全部种子萌发，记入表 1.3-1。

表 1.3-1　园林植物萌发情况记录表

| 天数 | 指标 | 5℃ | | | 8℃ | | | 11℃ | | | 14℃ | | | 17℃ | | |
| --- | --- | --- | --- | --- | --- | --- | --- | --- | --- | --- | --- | --- | --- | --- | --- | --- |
| | | Ⅰ | Ⅱ | Ⅲ | Ⅰ | Ⅱ | Ⅲ | Ⅰ | Ⅱ | Ⅲ | Ⅰ | Ⅱ | Ⅲ | Ⅰ | Ⅱ | Ⅲ |
| 1 | 发芽数 | | | | | | | | | | | | | | | |
| | 发芽率 | | | | | | | | | | | | | | | |
| 2 | 发芽数 | | | | | | | | | | | | | | | |
| | 发芽率 | | | | | | | | | | | | | | | |
| … | 发芽数 | | | | | | | | | | | | | | | |
| | 发芽率 | | | | | | | | | | | | | | | |

（3）根据结果计算每天萌发百分数，其公式为：

$$每天萌发百分数 = 每天萌发率/全部萌发所需天数$$

用依变数每天萌发百分数与自变数温度间的线性回归分析计算发育阈温度。每天萌发百分数与温度的回归直线在 $x$ 轴上的截距表示发育阈温度。

### 3. 有效积温的测定

将消毒好的植物种子种植到育苗杯中，分别放置于 28℃ 和 20℃ 光照培养箱内，每个处理重复 3 次，每日定时观察，记录植物生长状况，记录内容有出苗天数（出苗率达 85%的天数）、第一片真叶展天数（第一片真叶展开率达 85%的天数）。记录在表 1.3-2。

表 1.3-2　园林植物出苗天数记录表

| 指　标 | 28 ℃ | | | 20 ℃ | | |
|---|---|---|---|---|---|---|
| | 重复 1 | 重复 2 | 重复 3 | 重复 1 | 重复 2 | 重复 3 |
| 出苗天数 | | | | | | |
| 第一片真叶展天数 | | | | | | |

## 五、实验报告

（1）根据实验结果分析该种园林植物发育阈温度。

（2）根据实验结果分析该种园林植物在 28 ℃ 和 20 ℃ 时的同一生育期内有效积温是否吻合，分析原因？

（3）试述有效极温在实践中的应用。

# 实验四
# 极端温度对园林植物的影响

## 一、实验目的

通过实验了解极端高温和极端低温对园林植物生长发育的影响。

## 二、实验原理

植物从种子萌发、生长到繁殖都需要在一定的温度范围内进行，在此温度范围的两端是极端低温和极端高温。极端温度会影响植物正常生长发育，甚至会致植物死亡。极端高温可导致植物体内蛋白质合成受阻、蛋白质变性、呼吸作用强度大于光合作用强度、蒸腾速率增加，引起生理干旱、代谢的紊乱及加速作物的生长发育，缩短全生育期，加速衰老等不良影响。极端低温对植物的伤害可分为冷害和冻害。冷害是指喜温生物在零度以上的温度条件下受害或死亡，冷害是喜温生物向北方引种和扩展分布区的主要障碍；冻害是指冰点以下的低温使生物内形成冰晶而造成的损害，冰晶的形成会使原生质膜发生破裂和使蛋白质失活与变性。

植物细胞膜对维持细胞的微环境和正常的代谢起着重要的作用。在正常情况下，细胞膜是半透膜，对物质具有选择透性能力。当植物受到温度逆境影响时，细胞膜由于遭到破坏，膜透性增大，从而使细胞内的电解质外渗，以致植物细胞浸提液的电导率增大。膜透性增大的程度与温度逆境胁迫强度有关，也与植物抗逆性的强弱有关。因此，可利用电导法鉴定极端温度对植物的影响。

可通过测定细胞渗出液的电导率来了解植物受伤害的程度。伤害程度可用以下公式表示，$I$ 值越大，表明伤害程度越严重。

$$I = \frac{EC - EC_0}{EC_d - EC_0}$$

式中　$I$——极端温度对植物的伤害程度；

　　　$EC$——极端温度时电导率（dS/m）；

　　　$EC_0$——植物适温范围内电导率（一般选室温）（dS/m）；

　　　$EC_d$——使植物完全死亡时温度电导率（dS/m）。

## 三、实验仪器及材料

天平，恒温水浴锅，冰箱，电导仪，培养皿，烧杯，打孔器，剪刀，镊子，玻璃棒，量筒，蒸馏水，三叶草叶片。

## 四、实验步骤

（1）将三叶草叶片用蒸馏水快速冲洗 3 遍，用干洁纱布拭干水分，用打孔器打成圆片，备用。

（2）准备 12 个小烧杯，分成五组，每两个一组，以温度作为编号标记好。共设 6 个温度梯度，分别为：15 ℃、19 ℃、室温、24 ℃、30 ℃、100 ℃，每个温度重复 2 次。

（3）每个小烧杯分别摄入 30 片圆片后加入 20 mL 蒸馏水，用玻璃棒分别搅动，使圆片充分分散与蒸馏水接触。

（4）将 15 ℃ 和 19 ℃ 的两组小烧杯放入对应温度的冰箱内；将 24 ℃、30 ℃ 和 100 ℃ 的三组小烧杯放入对应的恒温水浴锅中，另外一组室温试验作对照。

（5）30 min 后，取出冰箱和恒温水浴中的五组烧杯，观察烧杯中叶片样品受伤害情况，并与对照实验比较，待冷却至室温后，分别测出电导率，记录在表 1.4-1 中。

**表 1.4-1　极端温度对园林植物伤害程度记录表**

| 温度 | 15 °C | | 19 °C | | 室温 | | 24 °C | | 30 °C | | 100 °C | |
|---|---|---|---|---|---|---|---|---|---|---|---|---|
| 重复 | I | II | I | II | I | II | I | II | I | II | I | II |
| 平均值 | | | | | | | | | | | | |
| 电导率 | | | | | | | | | | | | |
| $I$ | | | | | | | | | | | | |

## 五、结果计算

$$I = \frac{EC - EC_0}{EC_{100} - EC_0}$$

式中　$I$——极端温度对植物的伤害程度；

$EC$——设定温度电导率（dS/m）；

$EC_0$——室温电导率（dS/m）；

$EC_{100}$——100 °C 电导率（dS/m）。

## 六、实验报告

根据实验结果分析极端低温和高温对园林植物的影响？

【说明】三叶草生长适温为 19 ~ 24 °C，也可根据当地实际情况选择其他园林植物。

# 实验五
# 水质矿化度的测定——重量法

## 一、实验目的

矿化度是水化学成分测定的重要指标，是农田灌溉用水适用性评价的主要指标之一。通过本实验使学生掌握水质矿化度的测定原理及方法。

## 二、实验原理

矿化度指水中含有钙、镁、铝和锰等金属的碳酸盐、重碳酸盐、氯化物、硫酸盐、硝酸盐以及各种钠盐等的总含量。一般用 1 L 水中含有各种盐分的总克数来表示。将水样经过滤去除漂浮物及沉降性固体物（清水可以不用过滤）后，取一定量的水样放入称至恒重的蒸发皿内蒸干，并用过氧化氢去除有机物，然后在 105～110℃ 下烘干至恒重称重，所得数据即可计算该水样的水质矿化度。该水质矿化度的测定方法一般只适用于天然水的矿化度测定。根据矿化度大小，将天然水分为以下五类：

| 水样 | 淡水 | 弱咸水 | 咸水 | 强咸水 | 卤水 |
|------|------|--------|------|--------|------|
| 矿化度/（g/L） | <1 | 1～3 | 3～10 | 10～50 | >50 |

## 三、实验仪器及材料

烘箱，万分之一天平，水浴锅或电热板，蒸发皿或小烧杯，滤纸（中速定量），干燥器，铁架台，锥形瓶，量筒，漏斗，坩埚钳，石棉网（电热板需用），过氧化氢溶液（$H_2O_2$），蒸馏水，水样。

## 四、实验步骤

（1）将润洗干净的蒸发皿或小烧杯置于 105～110°C 烘箱中烘 2 h，放入干燥器中冷却至室温后称重，重复烘干称重，自至恒重（两次称重相差不超过 0.000 4 g），放入干燥器中备用。

（2）取适量水样用中速定量滤纸过滤于锥形瓶内。

（3）量取过滤后水样 50～100 mL，置于已称重的蒸发皿或小烧杯中，于水浴或电热板上蒸干。

（4）若蒸干的残渣有色，则待蒸发皿或小烧杯冷却后，滴加过氧化氢溶液数滴，慢慢旋转蒸发皿或小烧杯使过氧化氢与残渣充分接触，再置于水浴或电热板上蒸干，反复处理数次，直至残渣变白或颜色稳定不变为止。

（5）将蒸发皿或小烧杯放入烘箱内于 105～110°C 烘干 2 h，置于干燥器中冷却至室温，称重，重复烘干称重，直至恒重（两次称重相差不超过 0.000 2 g）。

## 五、结果计算

水质矿化度的计算公式：

$$K = \frac{W - W_0}{V} \times 10^3$$

式中　$K$——水质矿化度（g/L）；
　　　$W$——蒸发皿或小烧杯及残渣的总质量（g）；
　　　$W_0$——蒸发皿或小烧杯质量（g）；
　　　$V$——水样体积（mL）。

## 六、实验报告

（1）根据实验结果，分析所测水样能否用于农田灌溉？
（2）总结实验过程中的注意事项。

**【说明】**

（1）过氧化氢溶液的配制：用30%的过氧化氢1体积与1体积蒸馏水混合配制。

（2）取过滤后水样的量以能产生100 mg残渣为宜。

（3）实验过程中不能用手摸蒸发皿或小烧杯，避免手上汗液中的盐分引起误差。

（4）用过氧化氢去除有机物应少量多次，每次使残渣润湿即可，以防有机物与过氧化氢作用分解时泡沫过多，发生盐分溅失。一般情况下应处理到残渣完全变白。但当铁存在时，残渣呈现黄色，若多次处理仍不退色，即可停止处理。加过氧化氢时，需待烧杯冷却后，以免因反应激烈引起残渣飞溅。

（5）根据我国农田灌溉用水标准（GB 5084—2005）规定：非盐碱土地区农田灌溉水水质矿化度≤1 g/L；盐碱土地区农田灌溉水水质矿化度≤2 g/L。

# 实验六
# 园林植物含水率的测定

## 一、实验目的

掌握园林植物含水率的测定原理及方法。

## 二、实验原理

植物组织的含水率是反映植物组织水分生理状况的重要指标，如果蔬含水率的多少对其品质有直接影响，植物种子含水率决定了贮藏更有重要意义。采用加热烘干法来测定植物组织中的含水率。植物组织含水率的表示方法，常以鲜重或干重（％）表示，有时也以相对含水率（％）或称饱和含水率（％）表示。后者更能表明它的生理意义。

## 三、实验仪器及材料

分析天平，剪刀，烘箱，铝盒，干燥器，吸水纸，坩埚钳，植物样品（植物叶片、茎秆、花等，依实验需要而定）。

## 四、实验步骤

（1）将洗净的两个铝盒编号，放在 105 ℃ 恒温烘箱中，烘 2 h 左右，用坩埚钳取出放入干燥器中冷却至室温后，在分析天平上称重，再于烘箱中烘 2 h，同样于干燥器中冷却称重至恒重（2 次称重的误差小于 0.002 g），记下铝盒质量 $W_1$，将铝盒放入干燥器中待用。

（2）将待测植物样品（如叶子等）用干净纱布将表面拭净，迅速剪成小块，装入已知质量的铝盒中盖好，在分析天平上准确称取质量，得铝盒与鲜样品总质量为 $W_2$，然后放置于 105 ℃ 烘箱中干燥 4~6 h（在烘箱内将铝盒盖子打开）。

（3）待其温度降至 60~70 ℃ 后用坩埚钳将铝盒盖子盖上，放在干燥器中冷却至室温，再用分析天平称重，然后再放到烘箱中烘 2 h，在干燥器中冷却至室温，再称重，这样重复几次，直至恒重为止。称得质量是铝盒与干样品总质量 $W_3$。

（4）植物样品浸入水中，2 h 时后取出，用吸水纸吸干表面水分，立即称重；再次将材料放入水中浸泡 1 h，再次取出，吸干表面水分，称重，重复以上过程，直至恒重，最后的结果即为饱和鲜重 $W_4$。

## 五、结果计算

组织含水率（占鲜重%）＝（$W_2 - W_3/W_2 - W_1$）×100

组织含水率（占干重%）＝（$W_2 - W_3/W_3 - W_1$）×100

植物组织相对含水率（$RWC$%）＝[$W_2 - W_3/W_4 - $（$W_3 - W_1$）]×100

植物组织水分饱和亏（$WSD$%）＝（$1 - RWC$）×100

其中　$W_1$——铝盒重（g）；

$W_2$——铝盒＋样品鲜重（g）；

$W_3$——铝盒＋样品干重（g）；

$W_4$——植物组织饱和鲜重（g）。

## 六、实验报告

分析水分对园林植物的生态作用及园林植物对水分的适应。

# 实验七
# 水分胁迫对植物的影响

## 一、实验目的

通过实验,从植物形态结构及产量方面了解干旱胁迫对植物的影响。

## 二、实验原理

　　水是生物体的重要组成部分,生物体一般含水率在 60%～80%,部分水生生物含水率甚至在 90% 以上。水也是植物光合作用的重要原料,同时也参与植物体内营养物质的吸收和运输。水分条件影响植物形态结构、生长发育、繁殖及种子传播等重要的生态因子。当植物体内发生水分亏缺时,体内新陈代谢过程会发生明显的改变,生理活动发生障碍。其中形态方面主要表现在根系发育受到影响,根长、根数和质量明显减少;茎叶生长缓慢,植株矮小;生殖器官的发育受阻。所有这些变化最终导致植物生物量和产量的下降。

## 三、实验仪器及材料

　　光照培养箱,鼓风干燥箱,天平,花盆,育苗杯,量杯,营养土,4‰KMnO$_4$ 溶液,去离子水,植物种子(玉米)。

## 四、实验步骤

### 1. 植物幼苗培育

将植物种子用 4‰的 KMnO$_4$ 溶液灭菌 10 min,用去离子水洗净,种植到育苗杯中，放置于 28 ℃ 光照培养箱内，待第一片真叶成形时移栽至花盆中。

### 2. 水分胁迫实验

（1）取 9 个花盆，每盆装营养土 1.5 kg，分成 3 组，每组 3 个花盆，每盆移栽玉米幼苗 1～2 株，每个花盆贴上标签以便观察记录。

（2）将三组花盆放置在条件一致的自然环境中，第一组每隔 2 d 浇一次水，第二组每隔 4 d 浇一次水，第三组每隔 6 d 浇一次水，每次浇水量均为 300 mL，实验共进行 30 d。

（3）每 3 天记录一次，记录内容为：植株高度、叶片数、叶片颜色及枯叶数，记录在表 1.7-1 中。

表 1.7-1 不同水分条件下植物生长状况记录表

| 组 号 | 序 号 | 株高/cm | | 叶片数/个 | | 叶片颜色 | | 枯叶数/个 | |
|---|---|---|---|---|---|---|---|---|---|
| 第一组 | 1 | | | | | | | | |
| | … | | | | | | | | |
| | 10 | | | | | | | | |
| | 平均 | | | | | | | | |
| 第二组 | 1 | | | | | | | | |
| | … | | | | | | | | |
| | 10 | | | | | | | | |
| | 平均 | | | | | | | | |
| 第三组 | 1 | | | | | | | | |
| | … | | | | | | | | |
| | 10 | | | | | | | | |
| | 平均 | | | | | | | | |

（4）实验结束时，将植物根系从土壤中取出，称量植物整株鲜重，测量主根长度，计算根数；然后将植株剪碎，放置于鼓风干燥箱内 80 ℃ 烘干至恒重，称量植物干重，记录在表 1.7-2 中。

表 1.7-2　不同水分条件下植物生长量记录表

| 组　号 | 重　复 | 鲜重/g | 干重/g | 根长/cm | 根数/个 |
|---|---|---|---|---|---|
| 第一组 | 1 | | | | |
| | 2 | | | | |
| | 3 | | | | |
| | 平均 | | | | |
| 第二组 | 1 | | | | |
| | 2 | | | | |
| | 3 | | | | |
| | 平均 | | | | |
| 第三组 | 1 | | | | |
| | 2 | | | | |
| | 3 | | | | |
| | 平均 | | | | |

# 五、实验报告

根据实验结果分析水分胁迫对植物的影响。

# 实验八
# 植物缺水程度的鉴定——脯氨酸法

## 一、实验目的

通过实验使学生掌握以植物体内脯氨酸积累量的多少来判断植物水分亏缺程度的原理及方法。

## 二、实验原理

植物受到逆境胁迫时体内会积累大量的脯氨酸，因此，脯氨酸可以作为植物抗胁迫性的重要生理指标。植物体内脯氨酸含量在一定程度上能够反映植株内的水分亏缺状况。磺基水杨酸与脯氨酸有特定反应，当用磺基水杨酸提取植物样品时，脯氨酸便游离于磺基水杨酸的溶液中，然后用酸性茚三酮加热处理后，溶液即成红色，再用甲苯处理，则色素全部转移至甲苯中，色素的深浅即表示脯氨酸含量的高低。在 520 nm 波长下比色，用回归方程计算脯氨酸的含量。

## 三、实验仪器及材料

分光光度计，水浴锅，打孔器，烧杯，容量瓶，移液管，吸管，冰醋酸，3%磺基水杨酸，100 ug/mL 标准脯氨酸溶液，酸性茚三酮试剂，植物叶片。

## 四、试剂配制

（1）酸性茚三酮试剂：将 1.25 g 茚三酮溶于 30 mL 冰醋酸和 20 mL 6 mol/L 磷酸中，搅拌加热（70 ℃）溶解，存放于冰箱内。

（2）100 ug/mL 标准脯氨酸溶液：称取脯氨酸 25.0000 g，转入小烧杯中，用约 100 mL 蒸馏水溶解后转入 250 mL 容量瓶，定容。

（3）3%磺基水杨酸：3 g 磺基水杨酸加蒸馏水溶解后定容至 100 mL。

## 五、实验步骤

### 1. 样品的测定

（1）将植物叶片用自来水快速冲洗，除去表面污物，再用去离子水冲洗 2~3 次，用干洁纱布轻轻吸干叶片表面水分，用打孔器打取圆片。

（2）称取待测样品 0.2 ~ 0.5 g，置于试管中，加入 5 mL 3%磺基水杨酸，在沸水浴中提取 10 min（经常摇动试管），冷却至室温。

（3）吸取提取液 2 mL 于另一试管中，分别加蒸馏水 2 mL、冰醋酸 2 mL 和酸性茚三酮 2 mL，置于沸水浴显色 30 min。

（4）冷却后加入 4 mL 甲苯，摇荡 30 s，静置片刻，取上层液至 10 mL 离心管中，在 3 000 r/min 下离心 5 min。

（5）用吸管吸取上层脯氨酸红色甲苯溶液于比色杯中，以甲苯溶液为空白对照，于 520 nm 处比色，求得吸光值。

### 2. 标准曲线的测定

（1）取 6 个 50 mL 容量瓶，分别盛入脯氨酸原液 0.5、1.0、1.5、2.0、2.5 及 3.0 mL，用蒸馏水定容至刻度，摇匀，其每瓶的脯氨酸浓度分别为 1、2、3、4、5、及 6 μg/mL

（2）取 6 支试管，分别吸取 2 mL 系列标准浓度的脯氨酸溶液及 2 mL 冰醋酸和 2 mL 酸性茚三酮溶液，每管在沸水浴中加热 30 min。

（3）冷却后向各试管准确加入 4 mL 甲苯，振荡 30 s，静置片刻，使色素全部转至甲苯溶液。

（4）用吸管吸取各管上层脯氨酸甲苯溶液至比色杯中，以甲苯溶液为空白对照，于 520 nm 波长进行比色。

（5）标准曲线的绘制：先求出密度（$y$）依脯氨酸浓度（$x$）而变的回归方程式，再按回归方程绘制标准曲线计算 2 mL 测定液中脯氨酸的含量（μg/mL）。

## 六、结果计算

根据回归方程计算出 2 mL 测定液中脯氨酸的含量（$x$ μg/2mL），然后计算样品中脯氨酸含量的百分数。计算公式如下：

$$脯氨酸含量（\%）=（5x/2）/样品重$$

## 七、实验报告

根据实验结果分析所测植物样品水分亏缺状况。

# 实验九
# 园林植物蒸腾强度的测定——容积法

## 一、实验目的

通过实验学习容积法测定园林植物蒸腾强度测定的原理及方法，理解植物蒸腾作用的重要意义。

## 二、实验原理

植物体内水分以水蒸气形式通过植物体表面（主要是叶片）散失到大气中的生理过程，称为蒸腾作用。蒸腾作用是植物根部吸收水分和矿质养分的主要动力，可以降低叶面温度，避免植物叶片在强光高温下灼伤。植物蒸腾作用的主要器官是叶片，水分可以通过叶片的气孔或角质层蒸发，其中以气孔蒸腾为主。幼嫩叶片的角质层较薄且可透水，可以由角质层蒸腾。蒸腾强度是指植物在一定的时间内单位叶面积蒸腾的水量，一般用每小时每平方分米所蒸腾水量的克数来表示。

容积法测定植物的蒸腾强度，是将带叶的植物枝条，通过一段乳胶管与一支滴定管相连，管内充满水，组成一个简易蒸腾计。蒸腾一定时间后，即可从滴定管刻度读出蒸腾失水的容积，换算成水的质量即为蒸腾的水量，然后用叶面积仪测定叶片总面积，随后计算该园林植物的蒸腾强度。

## 三、实验仪器及材料

叶面积仪，移液管（1 mL），铁架台，滴定管夹，乳胶管（3×5），温度计，剪刀，凡士林，植物嫩枝条。

35

## 四、实验步骤

（1）在水槽内注满水，将植物枝条在水中剪取合适的直径与乳胶管紧密连接，顶端保留 3～4 片叶片。

（2）将移液管和乳胶管在水槽中注满水并紧密连接，移液管与乳胶管内不能有气泡。

（3）将简易蒸腾计从水槽中取出，用滴定管架固定在铁架台上，将装置表面的水分用干洁纱布拭干，在乳胶管两端涂上凡士林，以防漏气。调节移液管内水位在 0 刻度以下，开始计时并记下移液管内的初始水位。

（4）30～60 min 后，记录移液管水位刻度，将水的密度视为 1 g/mL，计算水的质量；将枝条上的叶子全部剪下，用叶面积仪测定叶片面积，并计算总叶面积。

## 五、结果计算

$$Q = \frac{W \times 10^3}{T \times S \times 10^{-4}}$$

式中　$Q$ ——蒸腾强度[mg/(dm² · h)]；
　　　　$W$ ——蒸腾的水量（g）；
　　　　$T$ ——蒸腾时间（h）；
　　　　$S$ ——总叶面积（mm²）；
　　　　$10^3$ ——将 g 换算为 mg；
　　　　$10^{-4}$ ——将 mm² 换算为 dm²。

## 六、实验报告

（1）根据实验结果计算该园林植物蒸腾强度，并分析蒸腾作用对植物生长发育的意义。

（2）实验过程建议蒸腾计中为什么要在水中组装？

# 实验十
# 土壤水溶性盐的测定——残渣烘干法

## 一、实验目的

土壤中的可溶性盐达到一定数量后，会直接影响作物种子的萌发和植株的生长发育。通过实验使学生掌握残渣烘干法测定土壤可溶性盐的测定原理及方法。

## 二、实验原理

吸取一定量的土壤浸出液放在瓷蒸发皿中，在水浴上蒸干，用过氧化氢氧化有机质，然后在 $105 \sim 110 \ ^{\circ}\text{C}$ 烘箱中烘干至恒重，所得残渣质量即为可溶性盐总量。

## 三、实验仪器及材料

平底漏斗，抽气装置，抽滤瓶，振荡机，真空泵，三角瓶，烘箱，水浴锅，瓷蒸发皿，坩埚钳，$1 \ \text{g/L}$ 六偏磷酸钠溶液，$15\% \text{H}_2\text{O}_2$，土样。

## 四、试剂配制

$1 \ \text{g/L}$ 六偏磷酸钠溶液：称取 $0.1 \ \text{g}$（$\text{NaPO}_3$）$_6$ 溶于 $100 \ \text{mL}$ 水中。

## 五、实验步骤

土壤水溶性盐的测定主要包括两个过程，即水溶性盐的浸提和浸出液中可溶性盐分的测定。

土壤水溶性盐浸出液的水土比有 1:1、2:1、5:1、10:1 和饱和土浆浸出液等。一般来讲，水土比例越大，分析操作越容易，但对作物生长的相关性差。

土壤可溶性盐浸出液中各种盐分的绝对含量和相对含量受水土比例的影响很大。有些成分随水分的增加而增加，有些则相反。一般来讲，全盐量是随水分的增加而增加。含石膏的土壤用 5:1 的水土比例浸提出来的 $Ca^{2+}$ 和 $SO_4^{2-}$ 数量是用 1:1 的水土比的 5 倍，这是因为水的增加，石膏的溶解量也增加；又如含碳酸钙的盐碱土，水的增加，$Na^+$ 和 $HCO_3^-$ 的量也增加，$Na^+$ 的增加是因为 $CaCO_3$ 溶解，钙离子把胶体上的 $Na^+$ 置换下来的结果；5:1 的水土比浸出液中的 $Na^+$ 比 1:1 浸出液中的大 2 倍，氯根和硝酸根变化不大。对碱化土壤来说，用高的水土比例浸提对 $Na^+$ 的测定影响较大，故 1:1 浸出液更适用于碱土化学性质分析方面的研究。

水土比例、震荡时间和浸提方式对盐分的溶出量都有一定的影响。试验证明，如 $Ca(HCO_3)_2$ 和 $CaSO_4$ 这样的中等溶性和难溶性盐，随着水土比例的增大和浸泡时间的延长，溶出量逐渐增大，致使水溶性盐的分析结果产生误差。为了使各地分析资料有可比性，实验分析时必须采用统一的水土比例、震荡时间和提取方法。本书重点介绍水土比为 1:1、5:1 及饱和土浆浸提法，以便在不同情况下选择使用。

### （一）浸出液的制备

### 1. 1:1 水土比浸出液的制备

称取通过 1 mm 筛孔相当于 100.0 g 烘干土的风干土，例如风干土含水率为 2%，则称取 102 g 风干土放入 500 mL 的三角瓶中，加刚沸过的冷蒸馏水 98 mL，则水土比为 1:1。盖好瓶塞，在振荡机上振荡 15 min。用直径 11 cm 的瓷漏斗过滤，用密实的滤纸，倾倒土液时应摇浑泥浆，在抽气情况下缓缓倾入漏斗中心。当滤纸全部湿润并与漏斗底部完全密接时再继续倒入土液，这样可避免滤液浑浊。如果滤液浑浊应倒回重新

过滤或弃去浊液。如果过滤时间长，用表玻璃盖上以防水分蒸发。

将清亮液收集在 250 mL 细口瓶中，每 25 mL 加 1 g/L 六偏磷酸钠一滴，以防在静置时 $CaCO_3$ 从溶液中沉淀，盖紧瓶盖，储存在 4 ℃ 冰箱，备用。

### 2. 5：1 水土比浸出液的制备

称取通过 1 mm 筛孔相当于 40.0 g 烘干土的风干土，放入 500 mL 的三角瓶中，加水 200 mL（如果土壤含水率为 3% 时，加水量应加以校正）。盖好瓶塞，在振荡机上或手摇振荡 3 min。然后将布氏漏斗与抽气系统相连，铺上与漏斗直径大小一致的紧密滤纸，缓缓抽气，使滤纸与漏斗紧贴，先倒少量土液于漏斗中心，使滤纸湿润并完全贴实在漏斗底上，再将悬浊土浆缓缓倒入，直至抽滤完毕。如果滤液开始浑浊应倒回重新过滤或弃去浊液。将清亮滤液收集备用。如果遇到碱性土壤，分散性很强或质地黏重的土壤，难以得到清亮滤液时，最好用素陶瓷中孔（巴斯德）吸滤管减压过滤。

### 3. 饱和土浆浸出液的制备

本提取方法长期不能得到广泛应用的主要原因是由于手工加水混合难以确定一个正确的饱和点，重现性差，特别是对于质地细的和含钠量高的土壤，要确定一个正确的饱和点是困难的。现介绍一种比较容易掌握的加水混合法，操作步骤如下：

称取过 1 mm 筛的风干土样 20.0 ~ 25.0 g，用毛管吸水饱和法制成饱和土浆，放在 105 ~ 110 ℃ 烘箱中烘干、称重，计算出饱和土浆含水率。

制备饱和土浆浸出液所需的土样重与土壤质地有关。一般制备 25 ~ 30 mL 饱和土浆浸出液需要土样重：壤质砂土 400 ~ 600 g，砂壤土 250 ~ 400 g，壤土 150 ~ 250 g，粉砂壤土和黏土 100 ~ 150 g，黏土 50 ~ 100 g。根据此标准，称取一定量的风干土样，放入一个带盖的塑料杯中，加入计算好的所需水量，充分混合成糊状，加盖防止蒸发。放在低温处过夜（14 ~ 16 h），次日再充分搅拌。将此饱和土浆在 4 000 r/min 速度下离心，提取土壤溶液，或移入预先铺有滤纸的砂芯漏斗或平瓷漏斗中（用密实的滤纸，先加少量泥浆湿润滤纸，抽气使滤纸与漏斗紧贴在漏斗上，继续倒入泥浆），减压抽滤，滤液收集在一个干净的瓶中，加塞塞紧，供分析用。浸出液的 pH、$CO_3^{2-}$、$HCO_3^-$ 和电导率应当立即测定。其余的浸出液，每 25 mL 溶液加 1 g/L 六偏磷酸钠一滴，塞紧瓶口，备用。

（二）土壤水溶性盐的测定

吸收土壤浸出液 20～100 mL，放在已知烘干质量的瓷蒸发皿内 $M$，在水浴上蒸干，不必取下蒸发皿，用滴管沿皿四周加 15%$H_2O_2$，使残渣湿润，保证 $H_2O_2$ 溶液与残渣充分接触，继续蒸干，如此反复用 $H_2O_2$ 处理，使有机质完全氧化为止，此时干残渣全为白色，蒸干后残渣和皿放在 105～110 ℃ 烘箱中烘干 1～2 h，取出冷却，用分析天平称重，记下质量。将蒸发皿和残渣再次烘干 0.5 h，取出放在干燥器中冷却，称重，重复至恒重 $M_1$（前后两次质量之差小于 1 mg）。

## 六、结果计算

$$土壤水溶性盐总量（\%）=（M_1-M/W）\times 100$$

式中　$M$——瓷蒸发皿质量（g）；

　　　$M_1$——瓷蒸发皿与烘干残渣质量（g）；

　　　$W$——相当烘干土质量，如吸取水土比 5∶1 土壤浸出液 50 mL，即相当于 10 g 土壤样品。

## 七、实验报告

根据测得的实验数据计算土壤水溶性盐含量。分析土壤水溶性盐对园林植物生长发育的影响。

【说明】

（1）水土比例大小直接影响土壤可溶性盐分的提取，因此提取的水土比例不要随便更改，否则分析结果无法对比，常用水土比例为 5∶1。

（2）水土作用 2 min，即可使土壤中可溶性的氯化物、碳酸盐与硫酸盐等全部溶入水中，如果延长作用时间，将有中溶性盐和难溶性盐（硫酸钙和碳酸钙等）进入溶液。因此，建议采用振荡 3 min 立即过滤的方法，振荡和放置时间越长，对可溶性盐分的分析结果误差越大。

（3）待测液不可在室温下放置过长时间（一般不得超过一天），否则会影响钙、镁、碳酸根和重碳酸根的测定。可以将滤液储存 4 ℃ 条件下备用。

（4）吸取待测液的数量，应依盐分的多少而定，如果含盐量>0.5%则吸取 25 mL，含盐量<0.5%则吸取 50 mL 或 100 mL。保持盐分含量在 0.02～0.2 g，过多则是由于某些盐类吸水，不宜称至恒重；过少则为误差太大。

（5）蒸干时的温度不能过高，否则，因沸腾便浴液遭到损失，特别当接近蒸干时更应注意，在水浴上蒸干就可避免这种现象。

（6）由于盐分在空气中容易吸水，故应在相同的时间和条件下冷却、称重。

（7）加过氧化氢去除有机质时，只要达到使残渣湿润即可。这样可以避免由于过氧化氢分解时泡沫过多，使盐分溅失，因而，必须少量多次地反复处理，直到残渣完全变白为止。但溶液中有铁存在而出现黄色氧化铁时，不可误认为是有机质的颜色。

（8）实验过程中不能用手摸蒸发皿或小烧杯，避免手上汗液中的盐分引起的误差。

# 实验十一
# 土壤水溶性盐的测定——电导法

## 一、实验目的

通过实验使学生掌握电导法测定土壤水溶性盐的原理及方法。

## 二、实验原理

土壤可溶性盐是强电解质，其水溶液具有导电作用。在一定浓度范围内，溶液的含盐量与电导率呈正相关。因此，土壤浸出液的电导率的数值能反映土壤含盐量的高低。如果土壤溶液中几种盐类彼此间的比值比较固定时，则用电导率值测定总盐分浓度的高低是相当准确的。土壤浸出液的电导率可用电导仪测定，并可直接用电导率的数值来表示土壤含盐量的高低。

将连接电源的两个电极插入土壤浸出液中，构成一个电导池。正负两种离子在电场作用下发生移动，并在电极上发生电化学反应而传递电子，因此电解质溶液具有导电作用。

根据欧姆定律，当温度一定时，电阻与电极间的距离成正比，与电极的截面积成反比。

$$R = \rho \frac{L}{A}$$

式中　$R$——电阻（$\Omega$）；

　　　$\rho$——电阻率（$\Omega \cdot m$）；

　　$L$——电阻与电极间的距离（cm）；

　　$A$——电极的截面积（cm$^2$）。

当 $L=1$ cm，$A=1$ cm$^2$ 时，$R=\rho$，此时测得的电阻称为电阻率 $\rho$。

溶液的电导是电阻的倒数，溶液的电导率（$EC$）则是电阻率的倒数。

$$EC = \frac{1}{\rho}$$

式中　$EC$——电导率（S/m）；

　　　$\rho$——电阻率（$\Omega \cdot$ m）。

土壤溶液的电导率一般小于 1 个 S/m，因此常用 dS/m 表示。

两电极片间的距离和电极片的截面面积难以精确测量，一般可用标准 KCl 溶液（其电导率在一定温度下是已知的）求出电极常数。

$$K = \frac{EC_{KCl}}{S_{KCl}}$$

式中　$K$——电极常数；

　　$EC_{KCl}$——标准 KCl 溶液（0.02 mol/L）的电导率（dS/m），18 ℃
　　　　　　时 $EC_{KCl}$ 为 2.397 dS/m，25 ℃ 时为 2.765 dS/m；

　　$S_{KCl}$——同一电极在相同条件下实际测得的电导度。

待测液测得的电导度乘以电极常数就是待测液的电导率。

$$EC = KS$$

大多数电导仪有电极常数调节装置，可以直接读出待测液的电阻率，无需再考虑用电极常数进行计算结果。

# 三、实验仪器与材料

振荡机，电导仪，电导电极，大试管，0.01 mol/L 氯化钾，0.02 mol/L 的氯化钾溶液，土样。

## 四、试剂的配置

（1）0.01 mol/L 的氯化钾溶液：称取干燥分析纯 0.745 6 g KCl 溶于刚煮沸过的冷蒸馏水中，于 25 ℃ 稀释至 1 L，贮于塑料瓶中备用。这一参比标准溶液在 25 ℃ 时的电阻率是 1.412 dS/m。

（2）0.02 mol/L 的氯化钾溶液：称取 1.491 1 g KCl，同上法配成 1 L，则 25 ℃ 时的电阻率是 2.765 dS/m。

## 五、实验步骤

（1）称取 4 g 风干土放在大试管中，加水 20 mL，盖紧皮塞，振荡 3 min，静置澄清后，不必过滤，直接测定。

（2）测量液体温度。如果测一批样品时，应每隔 10 min 测一次液温，在 10 min 内所测样品可用前后两次液温的平均温度或者在 25 ℃ 恒温水浴中测定。

（3）将电极用待测液淋洗 1~2 次（如待测液少或不易取出时可用水冲洗，用滤纸吸干），再将电极插入待测液中，使铂片全部浸没在液面下，并尽量插在液体的中心部位。

按电导仪说明书调节电导仪，测定待测液的电导度（$S$），记下读数。每个样品应重读 2~3 次，以防偶尔出现的误差。

## 六、结果计算

$$EC_{25} = 电极常数\ K \times 电导度（S）\times 温度校正系数（f_t）$$

式中　$EC_{25}$——土壤浸出液的电导率（dS/m）；

　　　$K$——电极常数；

　　　$S$——电导度（dS/m）；

　　　$f_t$——温度校正系数。

一般电导仪的电极常数值已在仪器上补偿，故只要乘以温度校正系数即可，不需要再乘以电极常数。温度校正系数（$f_t$）可查表 1.11-1。粗略校正时，可按每增高 1 ℃，电导度约增加 2% 计算。

### 表 1.11-1 电阻或电导之温度校正系数（$f_t$）

| 温度/°C | 校正值 | 温度/°C | 校正值 | 温度/°C | 校正值 | 温度/°C | 校正值 | 温度/°C | 校正值 |
|---|---|---|---|---|---|---|---|---|---|
| 3.0 | 1.709 | 19.0 | 1.136 | 23.0 | 1.043 | 27.0 | 0.960 | 31.0 | 0.890 |
| 4.0 | 1.660 | 19.2 | 1.131 | 23.2 | 1.038 | 27.2 | 0.956 | 31.2 | 0.887 |
| 5.0 | 1.663 | 19.4 | 1.127 | 23.4 | 1.034 | 27.4 | 0.953 | 31.4 | 0.884 |
| 6.0 | 1.569 | 19.6 | 1.122 | 23.6 | 1.029 | 27.6 | 0.950 | 31.6 | 0.880 |
| 7.0 | 1.528 | 19.8 | 1.117 | 23.8 | 1.025 | 27.8 | 0.947 | 31.8 | 0.877 |
| 8.0 | 1.488 | 20.0 | 1.112 | 24.0 | 1.020 | 28.0 | 0.943 | 32.0 | 0.873 |
| 9.0 | 1.448 | 20.2 | 1.107 | 24.2 | 1.016 | 28.2 | 0.940 | 32.2 | 0.870 |
| 10.0 | 1.411 | 20.4 | 1.102 | 24.4 | 1.012 | 28.4 | 0.936 | 32.4 | 0.867 |
| 11.0 | 1.375 | 20.6 | 1.097 | 24.6 | 1.008 | 28.6 | 0.932 | 32.6 | 0.864 |
| 12.0 | 1.341 | 20.8 | 1.092 | 24.8 | 1.004 | 28.8 | 0.929 | 32.8 | 0.861 |
| 13.0 | 1.309 | 21.0 | 1.087 | 25.0 | 1.000 | 29.0 | 0.925 | 33.0 | 0.858 |
| 14.0 | 1.277 | 21.2 | 1.082 | 25.2 | 0.996 | 29.2 | 0.921 | 34.0 | 0.843 |
| 15.0 | 1.247 | 21.4 | 1.078 | 25.4 | 0.992 | 29.4 | 0.918 | 35.0 | 0.829 |
| 16.0 | 1.218 | 21.6 | 1.073 | 25.6 | 0.988 | 29.6 | 0.914 | 36.0 | 0.815 |
| 17.0 | 1.189 | 21.8 | 1.068 | 25.8 | 0.983 | 29.8 | 0.911 | 37.0 | 0.801 |
| 18.0 | 1.163 | 22.0 | 1.064 | 26.0 | 0.979 | 30.0 | 0.907 | 38.0 | 0.788 |
| 18.2 | 1.157 | 22.2 | 1.060 | 26.2 | 0.975 | 30.2 | 0.904 | 39.0 | 0.775 |
| 18.4 | 1.152 | 22.4 | 1.055 | 26.4 | 0.971 | 30.4 | 0.901 | 40.0 | 0.763 |
| 18.6 | 1.147 | 22.6 | 1.051 | 26.6 | 0.967 | 30.6 | 0.897 | 41.0 | 0.750 |
| 18.8 | 1.142 | 22.8 | 1.047 | 26.8 | 0.964 | 30.8 | 0.894 | | |

　　当液温在 17～35 °C 时，液温与标准液温 25 °C 每差 1 °C，则电导率约增减 2%，所以 $EC_{25}$ 也可按下式直接算出：

$$EC_t = S_t \times K$$
$$EC_{25} = EC_t - [（t-25）\times 2\% \times EC_t]$$
$$= EC_t[1-（t-25）\times 2\%]$$
$$= KC_t[1-（t-25）\times 2\%]$$

　　目前国内多采用 5：1 水土比例的浸出液作电导测定，直接用土壤浸出液的电导率来表示土壤水溶性盐总量。美国用水饱和的土浆浸出液的电导率来估计土壤全盐量，其结果较接近田间情况，并已有明确的应用指标，见表 1.11-2。

表 1.11-2    土壤饱和浸出液的电导率与盐分和作物生长关系

| 饱和浸出液 $EC_{25}$/（dS/m） | 盐分 /（g/kg） | 盐渍化程度 | 植物反应 |
|---|---|---|---|
| 0~2 | <1.0 | 非盐渍化土壤 | 对作物不产生盐害 |
| 2~4 | 1.0~3.0 | 盐渍化土壤 | 对盐分极敏感的作物产量可能受到影响 |
| 4~8 | 3.0~5.0 | 中度盐土 | 对盐分敏感作物产量受到影响，但对耐盐作物（苜蓿、棉花、甜菜、高粱、谷子）无多大影响 |
| 8~16 | 5.0~10.0 | 重盐土 | 只有耐盐作物有收成，但影响种子发芽，而且出现缺苗，严重影响产量 |
| >16 | >10.0 | 极重盐土 | 只有极少数耐盐植物能生长，如盐植的牧草、灌木、树木等 |

【说明】

（1）电极常数 $K$ 的测定：

电极的铂片面积与距离不一定是标准的，因此必须测定电极常数 $K$ 值。测定方法是：用电导电极来测定已知电导率的 KCl 标准溶液的电导度，即可算出该电极常数 $K$ 值。不同温度时 KCl 标准溶液的电导率如表 1.11-3 所示。

$$K = EC/S$$

式中    $K$——电极常数；

$EC$——KCl 标准溶液的电导率（dS/m）；

$S$——测得 KCl 标准溶液的电导度（dS/m）。

**表 1.11-3　0.020 00 mol KCl 标准溶液在不同温度下的电导度（dS/m）**

| $T/°C$ | 电导度 | $T/°C$ | 电导度 | $T/°C$ | 电导度 | $T/°C$ | 电导度 | $T/°C$ | 电导度 |
|---|---|---|---|---|---|---|---|---|---|
| 11 | 2.043 | 15 | 2.243 | 19 | 2.449 | 23 | 2.659 | 27 | 2.873 |
| 12 | 2.093 | 16 | 2.294 | 20 | 2.501 | 24 | 2.712 | 28 | 2.927 |
| 13 | 2.142 | 17 | 2.345 | 21 | 2.553 | 25 | 2.765 | 29 | 2.981 |
| 14 | 2.193 | 18 | 2.397 | 22 | 2.606 | 26 | 2.819 | 30 | 3.036 |

（2）电导电极使用前后应浸在蒸馏水内，以防止铂黑的惰化。如果发现镀铂黑的电极失灵，可浸在 1∶9 的硝酸或盐酸中 2 min，然后用蒸馏水冲洗再进行测量。如情况无改善，则应重镀铂黑，将镀铂黑的电极浸入王水中，电解数分钟，每分钟改变电流方向一次，铂黑即可溶解，铂片恢复光亮。用重铬酸钾浓硫酸的温热溶液浸洗，使其彻底洁净，再用蒸馏水冲洗。将电极插入 100 mL 溶有氯化铂 3 g 和醋酸铅 0.02 g 配成的水溶液中，接在 1.5 V 的干电池上电解 10 min，5 min 改变电流方向 1 次，就可得到均匀的铂黑层，用水冲洗电极，不用时浸在蒸馏水中。

（3）一个样品测定后及时用蒸馏水冲洗电极，如果电极上附着有水滴，可用滤纸吸干，以备测下一个样品继续使用。

# 实验十二
# 盐胁迫对植物种子萌发的影响

## 一、实验目的

本实验通过研究不同性质的盐对耐盐植物种子萌发的影响，使学生掌握不同浓度盐分稀释液的配置方法；掌握种子萌发过程中种子发芽率、发芽势、发芽指数等各项指标的观察、记录及计算方法，并分析盐胁迫对种子萌发的影响。

## 二、实验原理

盐胁迫是指植物由于生长在高盐度生境而受到的高渗透势的影响。不同种类的植物对盐害的耐受程度不同。盐分过多对植物光合作用、呼吸作用、蛋白质代谢、叶绿素生物合成及各种酶的活性影响很大。如盐分过多会使 PEP 羧化酶与 RuBP 羧化酶活性降低，使光呼吸加强；净光合速率降低；影响叶绿素-蛋白复合体的形成等，不利于植物生长。种子萌发是植物生命开始的重要过程，外界环境因子的干扰极易对其产生影响，而盐胁迫是影响种子萌发的重要因素之一。盐胁迫条件下，植物种子萌发受到不同程度的抑制，通过测定种子发芽率、发芽势及发芽指数等指标可以很好地反映盐胁迫对种子发芽的影响程度。

## 三、实验仪器及材料

光照培养箱，分析天平，培养皿（直径为 9 cm），烧杯，移液管，毫米刻度尺，玻璃棒，镊子，4‰ $KMnO_4$ 溶液，NaCl，$Na_2CO_3$，蒸馏水，去离子水，耐盐植物种子（如盐地碱蓬、胀果甘草、灰黎、骆驼刺等）。

## 四、实验步骤

（1）种子的预处理：将耐盐植物种子用 4‰ KMnO$_4$ 溶液浸种消毒 10 min，去离子水冲洗干净并干燥，备用。

（2）消毒后的耐盐植物种子分成 33 份，分别采用浓度为 0、0.1、0.2、0.3、0.4 和 0.5 mol/L 的 NaCl 和 Na$_2$CO$_3$ 溶液浸泡 12 h。

（3）挑选大小均一、饱满的浸泡好的耐盐植物种子转入铺有双层滤纸的培养皿中，每个培养皿中均匀放入 30 粒，加入 5 mL 相应浓度 NaCl 和 Na$_2$CO$_3$ 溶液，放在变温光照培养箱内培养。每 12 h 换一次溶液。

（4）换液时将皿中旧液吸除，加 8 mL 相应浓度盐溶液，将其吸出，之后再加 5 mL 盐溶。种子胚根长出 1 mm 视为萌发，每天定时记录皿中种子萌发的数量，记入表 1.12-1，每个处理重复 3 次。

**表 1.12-1　耐盐植物种子发芽情况记录**

| 天数 | 对照 | NaCl/（mol/L） | | | | | Na$_2$CO$_3$/（mol/L） | | | | |
|---|---|---|---|---|---|---|---|---|---|---|---|
| | 0 | 0.1 | 0.2 | 0.3 | 0.4 | 0.5 | 0.1 | 0.2 | 0.3 | 0.4 | 0.5 |
| 1 | | | | | | | | | | | |
| 2 | | | | | | | | | | | |
| … | | | | | | | | | | | |
| 7 | | | | | | | | | | | |

## 五、结果计算

### 1. 不同盐胁迫对耐盐植物种子发芽率的影响

发芽率是决定种子品质和种子实际用价的依据。其计算公式为：

$$种子发芽率（G）= 实际发芽种子数/种子总数 \times 100\%$$

### 2. 不同盐胁迫对耐盐植物种子发芽势的影响

发芽势是指在发芽过程中，每日发芽种子数达到最大值时，发芽种子数占总种子数的百分率。发芽势是衡量种子活力、判别种子品质及出苗情况的指标之一，能够反映种子的萌发力。一般情况下，发芽势高的种子，出苗比较迅速、整齐、健壮。

### 3. 不同盐胁迫对耐盐植物种子发芽指数的影响

发芽指数既强调正常萌发的种子数，也强调种子的萌发速度，因此发芽指数是评价种子活力的重要指标。此外，发芽指数可以衡量种子萌发期间耐盐性的强弱，发芽指数越大，植物耐盐性越强，相反耐盐性越差。发芽指数计算公式为：

$$G_I = \Sigma \, (G_t/D_t)$$

式中，$G_t$ 为 $t$ 日的发芽数，$D_t$ 为发芽天数。

通过发芽指数可反映种子在失去发芽力之前发生的劣变，故发芽指数比发芽率更能灵敏地表现种子活力。计算结果记入表 1.12-2。

表 1.12-2　种子萌发中的发芽率发芽势及发芽指数计算结果

| 项　目 | 对照 | NaCl/（mol/L） | | | | | Na$_2$CO$_3$/（mol/L） | | | | |
|---|---|---|---|---|---|---|---|---|---|---|---|
| | 0 | 0.1 | 0.2 | 0.3 | 0.4 | 0.5 | 0.1 | 0.2 | 0.3 | 0.4 | 0.5 |
| 发芽率/% | | | | | | | | | | | |
| 发芽势/% | | | | | | | | | | | |
| 发芽指数 | | | | | | | | | | | |

## 六、实验报告

（1）比较两种不同盐胁迫对耐盐植物种子的发芽率、发芽势及发芽指数的影响。

（2）利用所学的统计学知识，对试验数据进行分析，根据回归方程计算出不同性质盐胁迫下耐盐植物种子萌发的适宜值、临界值和极限值。

# 实验十三
# 园林树种遮荫效果测定

## 一、实验目的

园林树种可以给人们提供在环境保护上的作用已被人们普遍认识和重视。在城市、村镇的道路和公路的绿化中，行道树在遮荫、降温等方面有着非常明显的作用。然而，各园林树种的效果至今尚不能以比较准确的数值表示。

（1）加深对树种遮荫效果有关概念的理解，比较不同树种透荫效果的差异。

（2）掌握照度计等仪器使用方法和遮荫效果的测定方法。

## 二、实验原理

园林植物除可以美化环境外，还要具有遮荫和降温的作用，既可以供人们观赏，又可以让人们乘荫纳凉。因此，研究园林树木的遮荫效果，对园林绿化中植物的配置有重要意义。衡量树木遮荫效果的标准是荫质与遮荫面积；树冠的荫影质量称为荫质。决定荫质的主要因素为遮光率和降温率；其中遮光率是指全光照下的光照度和树荫中心部位光照度之差与全光照下光照度的百分比；降温率是指全光照下的温度和树荫中心部分的温度之差与全光照下温度的百分比。

## 三、实验仪器及材料

照度计，测温仪，皮尺，钢卷尺，围尺，测高器，记录板，记录表。

## 四、实验步骤

（1）选择晴朗的天气，选择 3~5 种树种，每种尽量选择单株生长的树木 3 株。

（2）测定每株树的树高、枝下高、冠长、南北冠幅、东西冠幅、测定荫影中心部位 1.5 m 高处的光照强度（$I'$）和气温或地表温度（$t'$）、测定附近全光照下的光照度度（$I$）和温度（$t$），记录在表 1.13-1。

表 1.13-1　园林树种遮阴效果记录表

| 树种 | 序号 | 冠幅/m | 树高/m | 枝下高/m | 南北冠幅/m | 东西冠幅/m | 全光照 | | 树荫中心 | | 遮光率/% | 降温率/% | 荫质/n | 遮荫面积/m² | 遮荫效果 |
| --- | --- | --- | --- | --- | --- | --- | --- | --- | --- | --- | --- | --- | --- | --- | --- |
| | | | | | | | 光强/lx | 温度/°C | 光强/lx | 温度/°C | | | | | |
| | 1 | | | | | | | | | | | | | | |
| | 2 | | | | | | | | | | | | | | |
| | ... | | | | | | | | | | | | | | |
| | 5 | | | | | | | | | | | | | | |
| 平均 | | | | | | | | | | | | | | | |
| | 1 | | | | | | | | | | | | | | |
| | 2 | | | | | | | | | | | | | | |
| | ... | | | | | | | | | | | | | | |
| | 5 | | | | | | | | | | | | | | |
| 平均 | | | | | | | | | | | | | | | |

## 五、结果计算

$$遮光率(L) = \frac{全光照下光照度(I) - 树荫中心部位光照度(I')}{全光照光照度(I)} \times 100\%$$

$$降温率(T) = \frac{全光照下温度(t) - 树荫中心部位温度(t')}{全光照下温度(t)} \times 100\%$$

$$荫质（M）= 遮光率（L）\times 降温率（T）$$

遮荫面积（$S$）＝[（南北冠幅＋东西冠幅）/4]$^2\pi$

遮荫效果（$P$）＝荫质（$M$）×遮荫面积（$S$）

## 六、实验报告

（1）根据测定结果，分析不同园林树种的遮荫效果。

（2）结合所学的理论知识，分析冠幅、冠长、树高、树下高与树种遮荫效果的关系。

# 实验十四
# 园林植物耐阴性鉴定

## 一、实验目的

通过观察不同耐阴园林植物在外部形态、结构特征及生境特点上存在的主要差异，掌握鉴别植物耐阴性的方法，进一步学习利用植物耐阴性在园林绿化工程中合理配置植物群落的应用方法。

## 二、实验原理

光对植物的生长发育、形态结构和生理生化等方面都有显著影响。由于植物叶片所处生境的光照条件不同，其形态结构与生理特性上产生了叶片的适光变态。强光照下发育的阳生叶与弱光照下发育的阴生叶产生明显的差异，见表 1.14-1。

表 1.14-1　阳生叶与阴生叶形态结构特性比较

| 特　征 | 阳生叶 | 阴生叶 |
|---|---|---|
| 树　形 | 伞形，近伞形 | 圆锥形，近圆锥形 |
| 枝叶分布 | 稀疏、透光度大 | 浓密、透光度小 |
| 叶片形态 | 小而厚 | 大而薄 |
| 叶片颜色 | 较浅 | 较深 |
| 角质层 | 发达、较厚 | 不发达、较薄 |
| 栅栏组织 | 较厚或紧密 | 较薄或稀疏 |
| 气　孔 | 多而小 | 少而大 |
| 叶　脉 | 较密 | 稀疏 |
| 叶脉维管束 | 较多、明显 | 较少、不明显 |
| 蒸腾作用 | 较强 | 较弱 |
| 叶绿素含量 | 较少 | 较多 |

长期生长在不同光照环境下的植物主要形成了三大生态类型,分别是:

（1）阳性植物（Heliophytes）：在光照环境中才能正常生长发育的,而在弱光条件下不能正常生长发育的植物。

（2）阴性植物（Sciophytes）：在较弱光照条件下比较强光下生长良好的植物。阴性植物对光照的要求也不是越弱越好,当光照低于它们的光和补偿点时,也不能正常生长。

（3）耐阴植物（Shade-tolerant Plant）：在光照条件下生长最好,但也能忍受适度的荫蔽或其幼苗可在较荫蔽的生境中生长的植物。

不同生态类型的植物在形态结构、生理生化等特性及生活环境上存在一定差异,因此,可根据这些差异鉴别不同植物耐阴性程度,以便在植物群落配置中合理利用。

## 三、实验仪器及材料

测高器,照度计,花秆,钢卷尺,围尺,皮尺,计算器,记录板。

## 四、实验步骤

（1）在校园内选择 3～4 种乔木或灌木,每种 2～3 株,按不同指标分级进行观测,记录在表 1.14-2 中。

表 1.14-2　植物耐阴性调查记载表

| 观测人 | | | | | 观测时间 | | |
|---|---|---|---|---|---|---|---|
| 树　种 | 株号 | 冠形 A | 枝叶分布 B | 枝下高 C | 生境 D | 透光度 E | 耐阴类型 |
| | 1 | | | | | | |
| | 2 | | | | | | |
| | 3 | | | | | | |
| | 平均 | | | | | | |

续表

| 树　种 | 株号 | 冠形A | 枝叶分布B | 枝下高C | 生境D | 透光度E | 耐阴类型 |
|---|---|---|---|---|---|---|---|
| | 1 | | | | | | |
| | 2 | | | | | | |
| | 3 | | | | | | |
| | 平均 | | | | | | |
| … | … | | | | | | |
| | | A | B | C | D | E | |
| | | 伞形 | 稀疏 | 指植物最 | 干旱贫瘠 | 值枝叶透光面积占 | |
| | | 近伞形 | 较稀疏 | 下一轮活 | 较干旱贫瘠 | 树冠面积的百分数 | |
| | | 近圆锥形 | 较浓密 | 枝到地面 | 较湿润肥沃 | 透光度＝树荫部光 | |
| | | 圆锥形 | 浓密 | 的高度 | 湿润肥沃 | 照度/全光照下的光 | |
| | | | | （单位:m) | | 照度×100% | |

（2）综合考虑各观测指标，对各种植物的耐阴性按由强到弱的顺序排序。

（3）根据各植物的耐阴性顺序，并结合年龄、气候、土壤条件对耐阴性的影响，确定不同植物的耐阴性类型（阳性植物、中性植物、阴性植物）。

## 五、实验报告

根据观测过程及结果，试总结植物耐阴性鉴别最直观、简便的方法，并说明植物耐阴性鉴别中应注意的问题。

【说明】
测定树荫下的光照度时，应避开光斑，均匀选择 2~3 个点测定平均光照度。

# 实验十五
# 园林植物根系活力的测定——TTC 法

## 一、实验目的

通过本实验了解园林植物根系活力的测定原理及方法，学习植物根系对植物生长发育的重要性。

## 二、实验原理

植物根系是植物体的重要组织器官，构成植物体的地下部分，其主要的功能是从土壤中吸收水分和各类营养成分，同时固定和支撑植物体。根系活力主要是指根的吸收、运输能力。根系活力与脱氢酶的活性强弱成正比。植物根系中脱氢酶可引起 2，3，5-三苯基氯化四氮唑（TTC）还原，生成不溶于水的稳定的红色三苯甲腙（TTF），因此可用 TTC 法测定根系活力的强弱。

2，3，5-三苯基氯化四氮唑（TTC）是标准氧化电位为 80 mV 的氧化还原色素，溶于水中成为无色溶液，但还原后即生成不溶于水的三苯甲腙（TTF），呈稳定的红色，不会被空气中的氧自动氧化，所以 TTC 被广泛用作脱氢酶的测定。

## 三、实验仪器及材料

分光光度计，温箱，分析天平，电子顶载天平，研钵，烧杯，移液管，试管架，剪刀，药勺，滤纸，三角瓶，漏斗，量筒，刻度试管，容量瓶；乙酸乙酯（分析纯），次硫酸钠（分析纯），1%TTC 溶液，1/15 mol/L 磷酸缓冲液，1 mol/L 硫酸，0.4%TTC，石英砂；小麦草幼苗（或其他园林植物根系）。

## 四、试剂配制

（1）1%TTC 溶液：准确称取 1.0 g TTC，溶于少量水中，定容到 100 mL。

（2）1/15 mol/L 磷酸缓冲液（pH7.0）：A 液，称取 11.876 g 分析纯 $Na_2HPO_4 \cdot H_2O$，用少量蒸馏水溶解后定容至 1 000 mL；B 液，称取 9.078 g 分析纯 $KH_2PO_4$ 用少量蒸馏水溶解后定容至 1 000 mL。用时取 A 液 60 mL 与 B 液 40 mL 混合即可。

（3）1 mol/L 硫酸：用量筒取比重 1.84 的浓硫酸 55 mL，边搅拌边加入盛有 500 mL 蒸馏水的烧杯中，冷却后稀释至 1 000 mL。

（4）0.4%TTC 溶液：准确称取 0.4 g TTC 溶于少量蒸馏水中，定容至 100 mL。

## 五、实验步骤

### 1. TTC 还原量的测定

（1）将样品根系用蒸馏水冲洗干净，用滤纸吸干表面水分，称取根部样品 0.5~2 g，放入小烧杯中，加入 0.1%TTC 溶液和 1/15 mol/L 磷酸缓冲液各 5 mL，使根充分浸没在溶液内，避光条件下于 37 ℃ 保温 1~3 h，反应结束后立即加入 1 mol/L 硫酸 2 mL。

（2）空白试验：用 10 mL 硫酸代替 0.1%TTC 溶液和 1/15 mol/L 磷酸缓冲液各 5 mL，其他操作步骤同上。

（3）将根系取出，用滤纸吸干水分，放入研钵，加入 3~4 mL 乙酸乙酯和少量石英砂充分研磨，以提出 TTF。把红色提取液移入 10 mL 容量瓶，并用少量乙酸乙酯把残渣洗涤 2~3 次，皆移入容量瓶，最后加乙酸乙酯使总量为 10 mL，485nm 下比色，以空白试验作参比测出吸光度，查标准曲线，求出 TTC 还原量。

## 2. TTC 标准曲线

吸取 0.25 mL0.4%TTC 溶液放入 10 mL 容量瓶，加少许次硫酸钠粉末，摇匀后立即产生红色的 TTF，用乙酸乙酯定容至刻度，摇匀。然后分别吸取此溶液 0.10 mL、0.25 mL、0.50 mL、0.75 mL、1.00 mL 置于 10 mL 容量瓶，用乙酸乙酯定容至刻度，即得到含 TTC20 μg、50 μg、100 μg、150 μg、200 μg 的标准比色系列，以乙酸乙酯作参比，在 485 nm 波长下测定吸光值，以 TTC 浓度作为横坐标，吸光值作为纵坐标绘制标准曲线或求得 TTC 与吸光值的回归方程。

# 六、结果计算

$$M = C/（W × h）$$

式中　　$M$ ——TTC 还原强度[μg/(g·h)]；

　　　　$C$ ——TTC 还原量（μg）；

　　　　$W$ ——根系样品中（g）；

　　　　$h$ ——反应时间（h）。

# 七、实验报告

根据实验结果分析根系活性强弱。

【说明】

1%TTC 溶液 pH 值应在 6.5～7.5，可用 pH 试纸测试，如不易溶解，可先加少量以纯使其溶解后再用蒸馏水定容。

# 实验十六
# 园林植物化感作用

## 一、实验目的

通过实验使学生认识园林植物的化感作用,掌握植物浸提液的提取、制备方法和植物化感作用的实验方法,进一步了解植物化感作用的重要意义。

## 二、实验原理

植物化感作用又称为异株克生,是指植物通过向体外分泌代谢过程中的化学物质到环境中,从而直接或间接地影响其他植物的生长发育。植物种间种内都有化感作用。植物化感作用具有 3 个基本特征:① 相互作用的主客体均是植物;② 相互作用的化学物质是植物的次生代谢物质,不包含在植物体内变化的次生代谢物质;③ 化感物质主要用于影响自身或邻近植物的生长发育,若用于植物间的化学通讯物质和环境污染物不属于化感作用。

植物组织的各个器官中都存在化感作用。一般认为植物化感作用通过雨雾淋溶、自然挥发、根系分泌和植株分解4种途径释放到环境。其作用机理为:影响细胞膜透性;影响细胞分裂及伸长;影响植物激素分布、运输及活性;影响细胞的吸收性能;影响酶的活性及功能;影响植物的呼吸作用;影响植物体内蛋白质的合成;影响遗传物质的基因表达等。植物的化感作用在城镇园林绿化中植物的配置有非常重要的意义。

## 三、实验仪器及材料

光照培养箱,电子分析天平,烘箱,剪刀,培养皿,滤纸,大漏斗,

纱布，锥形瓶，烧杯，容量瓶，封口塞，镊子，玻棒，量筒，Hoagland
营养液，4‰ KMnO$_4$，棉花种子，新鲜小麦叶片。

## 四、Hoagland 营养液的配置

硝酸钙 945 mg/L，硝酸钾 607 mg/L，磷酸铵 115 mg/L，硫酸镁
493 mg/L，铁盐溶液 2.5 mL/L，微量元素 5 mL/L，pH = 6.0。

微量元素液：碘化钾 0.83 mg/L，硼酸 6.2 mg/L，硫酸锰 22.3 mg/L，
硫酸锌 8.6 mg/L 钼酸钠 0.25 mg/L，硫酸铜 0.025 mg/L，氯化钴
0.025 mg/L。

若作为复合肥使用，可以采用天然水配制，省略微量元素液。若作
为无土栽培营养液需用蒸馏水，微量元素液必须加入。一般将上述营养
液配成 10 倍或 20 倍浓度，用时稀释及调整 pH 值。

## 五、实验步骤

（1）取小麦功能叶，用蒸馏水迅速洗净，用干洁纱布将水分拭干，
准确称量 5 份 100 g 小麦叶片，将其分别剪碎于带塞锥形瓶中，用 500 mL
Hoagland 营养液分别浸泡 6 h、12 h、24 h、36 h、48 h 后，过滤，流浸
出液备用。

（2）将棉花种子用 4‰ KMnO$_4$ 溶液浸种消毒 10 min，去离子水冲
洗干净并干燥，备用。

（3）挑选大小均一、饱满的棉花种子放入铺有双层滤纸的培养皿中，
每个培养皿中均匀放入 30 粒，分别加入 10 mL 6 h、12 h、24 h、36 h、
48 h 浸出液，以 Hoagland 营养液作为对照，实验共设 6 个处理，重复 3
次。将培养皿放在光照培养箱内培养内，每 12 h 补充相应浸出液 5 mL，
对照补充 5 mL 营养液，共培养 7 d。

（4）培养第 3 d 开始统计棉花种子萌芽个数，培养结束后测量苗高
及苗干重，结果分别记在表 1.16-1 中。

表 1.16-1　化感作用对棉花种子萌发影响记录表

| 项　目 | 天数/天 | 0（对照） | 6 h | 12 h | 24 h | 36 h | 48 h |
|---|---|---|---|---|---|---|---|
| 发 | 3 | | | | | | |
| 芽 | 4 | | | | | | |
| 数 | 5 | | | | | | |
| / | 6 | | | | | | |
| 株 | 7 | | | | | | |
| 发芽率/% | | | | | | | |
| 发芽势/% | | | | | | | |
| 发芽指数 | | | | | | | |
| 苗 高/cm | | | | | | | |
| 苗干重/g | | | | | | | |

## 六、结果计算

（1）不同浓度浸出液对棉花种子发芽率的影响：

$$种子发芽率（G）= 实际发芽种子数/种子总数 \times 100\%$$

（2）不同浓度浸出液对棉花种子发芽势的影响：

发芽势是指在发芽过程中，每日发芽种子数达到最大值时，发芽种子数占总种子数的百分率。

（3）不同浓度浸出液对棉花种子发芽指数的影响：

$$G_I = \Sigma（G_t/D_t）$$

式中，$G_t$ 为 $t$ 日的发芽数，$D_t$ 为发芽天数。

## 七、实验报告

（1）分析不同浓度小麦叶片浸出液对棉花种子的发芽率、发芽势、发芽指数、苗高及苗干重的影响。

（2）利用所学的知识分析在园林绿化中如何合理利用植物化感作用。

# 实验十七
# 植物种间竞争作用

## 一、实验目的

通过实验，掌握植物种间竞争研究的实验原理和基本方法，观察种间竞争现象，理解资源利用性竞争（Exploitation competition），并论证竞争排斥原理（Gause 假说）。

## 二、实验原理

种间竞争是指当两个或两个以上物种共同利用同一资源而受到相互干扰或抑制的作用。在种间竞争中，物种间由于共同资源短缺而引起的竞争称为资源利用性竞争；物种在寻找资源过程中损害其他个体而引起的竞争，称为相互干扰性竞争。

高斯（Gauze，1934）以亲缘相近的原生动物大草履虫（Paramecium caudatum）、双核小草履虫（Paramecium Aurelia）和袋状草履虫（Paramecium burs aria）为实验对象，当分别在酵母介质中培养时，它们表现出一种典型的逻辑斯谛增长（S-型增长）并且在保持一个固定的营养成分浓度的培养基中维持一种恒定的种群水平。但是当把大草履虫和双核小草履虫混合培养时，16 d 后培养基中只有双核小草履虫存活下来。这两种生物既不相互攻击也不会分泌有害物质；只是双核小草履虫种群比大草履虫增长快，因此由于食物有限使大草履虫淘汰出局。然而，在 Gauze 将双核小草履虫和袋状草履虫共同培养时，两种生物却能够共同生存并能够达到一个稳定的平衡。共存中的两种草履虫的密度都低于单独培养，所以这是一种竞争中的共存。达到这种共存主要是由于两个竞争者中间出现了食性和栖息环境的分化，双核小草履虫多生活在培养试管的中、上部，主要以细菌为食，而袋状草履虫生活在底部，以酵母为食。

Gauze 以草履虫竞争实验为基础提出了高斯假说，后人将其发展为竞争排斥原理，即在一个稳定的环境内，两个以上受资源限制的，但具有相同资源利用方式的物种，不能长期共存在一起，也就是说完全的竞争者不能共存。

在两种植物总密度不变的前提下，改变两种植物的个体比例，对比不同比例栽培下植物的出苗率、成活率、株高、鲜重和干重与单种栽培时的变化，以此来判断竞争作用的有无和强弱。因本实验是盆栽实验，不能代表自然条件下的植物种间竞争情况，仅作为验证性实验。

## 三、实验内容

（1）研究两种禾本科植物种子在不同播种密度条件下对空间资源的种间竞争能力差异。

（2）根据实验结果分析间种对作物的生长是否有优势。

## 四、实验仪器及材料

光照培养箱，托盘，烘箱，天平，小烧杯，标签，剪刀，镊子，纸袋，尺子，4‰的 $KMnO_4$ 溶液，细沙，两种禾本科植物种子（如玉米和小麦、大麦和燕麦）。

## 五、实验步骤

（1）将细沙用蒸馏水浸洗 3 次，放入烘箱在 105 °C 下烘至恒重，干燥保存，备用。

（2）将植物种子分别放入装有 4‰ $KMnO_4$ 溶液的小烧杯中进行灭菌，时间为 10 min。

（3）每一托盘装入 1.5 kg 细沙，浇透水，备用。

（4）将灭菌好的两种植物种子按不同比例进行播种，每一托盘内共播种 60 粒种子，播种比例分别为：1∶0、1∶2、1∶1、2∶1、0∶1，重复 3 次，贴上标签做好标记，最后，将托盘依次放入光照培养箱内。

（5）种子萌发后，统计发芽率和幼苗成活情况，定期浇水和管理，详细记录观察到的各种生理现象时间，结果填入表 1.17-1 中。种子发芽后，每 7 天测量 1 次株高，结果填入表 1.17-2 中。

（6）实验结束时分盘分种测株高、分蘖数、鲜重、干重（生物量），结果填入表 1.17-3 中。

### 表 1.17-1　植物各生育期时间记载表

| 播种比例 | 植物 a | | | | | 植物 b | | | | |
|---|---|---|---|---|---|---|---|---|---|---|
| | 播种期 | 发芽期 | 分蘖期 | 抽穗期 | 收获期 | 播种期 | 发芽期 | 分蘖期 | 抽穗期 | 收获期 |
| 1∶0 A | | | | | | | | | | |
| 1∶0 B | | | | | | | | | | |
| 1∶0 C | | | | | | | | | | |
| 1∶2 A | | | | | | | | | | |
| 1∶2 B | | | | | | | | | | |
| 1∶2 C | | | | | | | | | | |
| 1∶1 A | | | | | | | | | | |
| 1∶1 B | | | | | | | | | | |
| 1∶1 C | | | | | | | | | | |
| 2∶1 A | | | | | | | | | | |
| 2∶1 B | | | | | | | | | | |
| 2∶1 C | | | | | | | | | | |
| 0∶1 A | | | | | | | | | | |
| 0∶1 B | | | | | | | | | | |
| 0∶1 C | | | | | | | | | | |

### 表 1.17-2　植物株高记载表（cm）

| 播种比例 | 植物 a | | | | | 植物 b | | | | |
|---|---|---|---|---|---|---|---|---|---|---|
| | 出苗后 7 d | 14 d | 21 d | 28 d | … | 出苗后 7 d | 14 d | 21 d | 28 d | … |
| 1：0 A | | | | | | | | | | |
| 1：0 B | | | | | | | | | | |
| 1：0 C | | | | | | | | | | |
| 平　均 | | | | | | | | | | |
| 1：2 A | | | | | | | | | | |
| 1：2 B | | | | | | | | | | |
| 1：2 C | | | | | | | | | | |
| 平　均 | | | | | | | | | | |
| 1：1 A | | | | | | | | | | |
| 1：1 B | | | | | | | | | | |
| 1：1 C | | | | | | | | | | |
| 平　均 | | | | | | | | | | |
| 2：1 A | | | | | | | | | | |
| 2：1 B | | | | | | | | | | |
| 2：1 C | | | | | | | | | | |
| 平　均 | | | | | | | | | | |
| 0：1 A | | | | | | | | | | |
| 0：1 B | | | | | | | | | | |
| 0：1 C | | | | | | | | | | |
| 平　均 | | | | | | | | | | |

表 1.17-3　植物生长量记载表

| 播种比例 | 植物 a | | | | | 植物 b | | | | |
|---|---|---|---|---|---|---|---|---|---|---|
| | 出苗数/株 | 成活数/株 | 分蘖数/株 | 总鲜重/g | 总干重/g | 发芽数/株 | 成活数/株 | 分蘖数/株 | 总鲜重/g | 总干重/g |
| 1：0 A | | | | | | | | | | |
| 1：0 B | | | | | | | | | | |
| 1：0 C | | | | | | | | | | |
| 平　均 | | | | | | | | | | |
| 1：2 A | | | | | | | | | | |
| 1：2 B | | | | | | | | | | |
| 1：2 C | | | | | | | | | | |
| 平　均 | | | | | | | | | | |
| 1：1 A | | | | | | | | | | |
| 1：1 B | | | | | | | | | | |
| 1：1 C | | | | | | | | | | |
| 平　均 | | | | | | | | | | |
| 2：1 A | | | | | | | | | | |
| 2：1 B | | | | | | | | | | |
| 2：1 C | | | | | | | | | | |
| 平　均 | | | | | | | | | | |
| 0：1 A | | | | | | | | | | |
| 0：1 B | | | | | | | | | | |
| 0：1 C | | | | | | | | | | |
| 平　均 | | | | | | | | | | |

## 六、实验报告

（1）比较两种植物的出芽率、存活率、株高、鲜重和干重，分析间种是否对植物生长有优势。

（2）分析两种植物混种时竞争效应。以两种植物的分蘖数（或干重）为指标进行比较，当混作分蘖数大于单作时，说明混作两种作物具有互补性，反之则说明有竞争作用。混作模式中，两作物间相对竞争力的量化，以侵占率作参考指标：

$$A_{ab} = \frac{a混作产量}{a单作产量} - \frac{b混作产量}{b单作产量}$$

其中，$A_{ab}$ 表示混作作物 a 相对于 b 的竞争力。如果侵占率 $A_{ab} = 0$，则说明组分竞争能力相等；$A_{ab} > 0$ 时，说明作物 a 的竞争力较强，反之较弱。$A$ 值越大说明竞争力越强。

（3）要求充分利用所学的统计学知识分析数据，结合使用图表方式表达分析结果。

【说明】

（1）播种要均匀，播种深度以不见种子为宜。

（2）生物量测定时，先将新鲜植株放入烘箱在 105 ℃ 条件下杀青 30 min，之后在 80 ℃ 下烘干至恒重。

# 实验十八
# 微生物间的颉颃作用

## 一、实验目的

通过实验学习微生物间颉颃作用的测定方法，了解微生物间存在的颉颃现象及抗生素的抗菌作用。

## 二、实验原理

同一环境中不同种类微生物之间可以产生互利的或对抗的相互作用。微生物间的颉颃作用是指某种微生物所产生的特定代谢产物可抑制其他种微生物的生长发育或被杀死的现象。根据颉颃作用的选择性，可将微生物间的颉颃作用分为非特异性颉颃和特异性颉颃两类。在泡制泡菜或制备青贮饲料的过程中，乳酸杆菌能产生大量乳酸导致环境的 pH 值下降，从而抑制了其他微生物的生长发育，这是一种非特异性颉颃作用；大多微生物在其生命活动的过程中，能产生某种抗生素，具有选择性抑制或杀死其他微生物的作用，这种是特异性颉颃作用，如青霉菌能产生青霉素抑制革兰氏阳性菌。微生物间的颉颃关系已被广泛应用于医学和农业生产领域，用于疾病及动植物病害的防治等。

微生物间颉颃作用可以在固体培养条件下和液体培养条件下测定。在固体培养条件下常用的测定方法为平板琼脂移块法、琼脂平板画线法等；而液体培养条件下常用的测定方法为管碟法，管碟法的优点是精确度高，所以较为常用。它是根据抗生素在琼脂培养基上能够进行扩散渗透，并且经过一定时间后渗透到一定范围，从而抑制这个范围实验菌的生长，使培养基产生透明的抑菌圈。而抑菌圈直径的大小可以反映试验菌的抑菌活性的强弱。

## 三、实验仪器及材料

### 1. 实验菌种

（1）颉颃菌井冈霉素产生菌-吸水链霉菌（Streptornyces hygroscopicusvar. jinggangensis Yen）、盐霉素产生菌-白色链霉菌（Streptomyces albus）。

（2）病原菌水稻纹枯病菌（Pellicularia sasakii）、棉花枯萎病菌（Fusariumoxysporumf. Sp. vasinfectum）、番茄青枯病菌（Burkholderia solanacearum）、白色含珠菌（Candida albicans）、枯草芽孢杆菌（Bacillussubtilis）、短小芽孢杆菌（Bacillus pumilus）。

### 2. 培养基

（1）斜面保藏培养基。

可溶性淀粉 10 g、$(NH_4)_2SO_4$ 2 g、$CaCO_3$ 2 g、胰蛋白胨 2 g、NaCl 1 g、$K_2HPO_4$ 1 g、$MgSO_4 \cdot 7H_2O$ 2 g、琼脂 20 g，定容于 1 000 mL 水中。

（2）液体种子培养基。

大米粉 83 g、酵母粉 6.7 g、花生粉 30 g、$K_2HPO_4$ 1.2 g、NaCl 2.5 g，定容于 1 000 mL 水中，pH 值为 6.4。

（3）液体发酵培养基。

可溶性淀粉 50 g、黄豆饼粉 20 g、$K_2HPO_4$ 2 g、NaCl 2 g、$CaCO_3$ 5 g，定容于 1 000 mL 水中，pH 值为 7.0～7.2。

（4）PDA 培养基。

马铃薯浸出液 1 000 mL、琼脂 18 g、蔗糖（或葡萄糖）20 g。

马铃薯浸出液的制备:取马铃薯 200 g 去皮,切成小块,加入 1 000 mL 水,煮沸 20 min,双层纱布过滤,加水补足滤液体积至 1 000 mL,煮沸后加入琼脂后，到琼脂全部熔化搅拌均匀即可。

（5）葡萄糖天冬素琼脂培养基。

葡萄糖 10 g、$K_2HPO_4$ 0.5 g、天冬素 0.5 g、琼脂 18 g、水 1 000 mL，pH 值为 7.2～7.4。

### 3. 仪器设备

高压蒸汽灭菌锅，电炉，水浴锅，培养皿，三角瓶，接种针，培养箱，恒温培养箱，恒温摇床，冰箱，移液枪，电子天平，漏斗，牛津杯，滴管，试管，培养皿（直径 90 mm），打孔器、镊子等。

## 四、实验方法与步骤

### 1. 微生物培养

（1）在斜面保藏培养基上接种后，37 ℃ 培养 3 ~ 4 d，于 4 ℃ 冰箱保存备用。

（2）在 500 mL 三角瓶中装入 50 mL 液体种子培养基，接入一环活化的斜面菌种。在 37 ℃、180 r/min 恒温摇床中培养 22 ~ 24 h，作种子菌备用。

（3）摇床培养摇瓶（500 mL 三角瓶）装液量为 50 mL，8 层纱布作通气塞，接种量为 5%（*V/V*），在 40 ℃、200 r/min 恒温摇床培养 72 h，发酵液离心后取上清液，供测试用。

### 2. 琼脂移块法测定颉颃作用

（1）将低温保存的井冈霉素产生菌在斜面保藏培养基上接种后，37 ℃ 培养 3 ~ 4 d，向斜面保藏培养基中加 5 mL 无菌水，在涡旋振荡器上振荡 5 min，使孢子均匀悬浮于无菌水中，倒在已灭菌的葡萄糖天冬素琼脂培养基的培养皿中，倒放于 37 ℃ 培养箱中培养 4 d，即为带菌的培养基。

（2）将 PDA 培养基熔化，放冷至 60 ℃，加入病原菌菌悬液，充分摇匀，倒平板置水平台上冷却，制成含菌平板。

（3）取灭菌的直径 6 ~ 8 mm 的打孔器，在长有井冈霉素产生菌（或盐霉素产生菌）的平板上，以无菌操作垂直挖取含菌的琼脂块，用灭菌的尖嘴镊子，将圆形琼脂块移入含病原菌的平板上。

（4）将培养皿正放，于 30 ℃ 温箱中培养。3 d 后观察琼脂菌块周围抑菌圈的大小，采用十字交叉法记录菌落直径，并计算平均值。

### 3. 管碟法测定颉颃作用

将 PDA 培养基熔化，放冷至 60 ℃，加入病原菌菌悬液，充分摇匀，倒入 9 cm 培养皿中制成带菌平板；在每个培养皿平板上放 4 个牛津杯（内径 0.6 cm，外径 0.78 cm，高 1.0 cm 的不锈钢杯子）；用移液枪向每个牛津杯加入发酵原液 0.2 mL，以蒸馏水为对照；培养皿正放，于 30 ℃ 温箱中培养；3 d 后观察琼脂菌块周围抑菌圈的大小，采用十字交叉法记录菌落直径。

## 五、实验报告

（1）分析实验观察结果。

（2）微生物的颉颃作用在医学和农业生产领域的应用有哪些？

【说明】

（1）严格按照实验操作流程操作，实验过程中应着工作衣帽，如沾有可传染的材料，应脱下浸于消毒药水中（如 5%苯酚等）过夜或高压消毒后再进行洗涤。工作完毕后应先用消毒药水消毒，后用清水洗手。

（2）培养基配好后需在高压蒸汽锅中 121 °C 灭菌 30 min。

（3）严禁菌种带出实验室。

（4）一般认为，抑菌圈直径在 6～10 mm 为有抗菌活性；10 mm 为轻度抗菌活性；11～15 mm 为中度抗菌活性；16～20 mm 为高度抗菌活性。

# 实验十九
# 园林草本植物群落生物量的测定
# ——收获量测定法

## 一、实验目的

通过实验学习草本植物群落生物量测定的原理及方法。

## 二、实验原理

群落生物量是指特定时间内群落现有活有机体的干物质或能量，即现存量，单位为 $g/m^2$ 或 $J/m^2$。收获量测定法，又称为直接收割法或刈割法，用于陆地生态系统。定期收割植被（包括地上植株和地下根系），干燥后称重。为了使结果更精确，要在整个生长季中多次取样，并测定各个物种所占的比重。由实验性质来确定是否测地下根系部分。近年来，有些国家，已开始使用测定仪进行非破坏性现存量的测定，其实用性有所提高。

## 三、实验仪器及材料

烘箱，天平，钢卷尺，剪刀，镊子，塑料袋，纸袋，纱布。

## 四、实验步骤

（1）确定样方大小。根据草本群落植物优势种种类确定样方面积，一般高草类（高度>1 m）通常采用 3 m×3 m 或 5 m×5 m 大小的样方；

中草类（高度 1 m 左右）通常采用 1 m×m 或 2 m×2 m 的样方；矮草类（高度<1 m）通常采用 1 m×lm 或更小的样方。

（2）在代表性地段选取 1 m×lm 的样方，在样方的四角做上标记，记载样方内植物种类及名称。

（3）将植物地上部分用剪刀剪下，对应着将地下根系全部挖出，按植物种类分别装入塑料袋包好，以防水分损失。

（4）在实验室内，用水迅速将植株和根系上的泥土冲净，用纱布将植株和根系表面残留水分吸干，按植物种类将植物叶、茎、花、果和根分开，分别装入已称重的纸袋称取鲜重。然后将样品在 105 ℃ 杀青 10 min 后置于 80 ℃ 下烘至恒重，称取各器官样品的干重，结果记入在表 1.19-1 中。

表 1.19-1　草本植物群落生物量测定记载表

| 植物器官 | 测定项目 | 植物种 1 | 植物种 2 | 植物种 3 | … | 合　计 |
|---|---|---|---|---|---|---|
| 叶 | 鲜重/g | | | | | |
| | 干重/g | | | | | |
| | 含水率/% | | | | | |
| 茎 | 鲜重/g | | | | | |
| | 干重/g | | | | | |
| | 含水率/% | | | | | |
| 花 | 鲜重/g | | | | | |
| | 干重/g | | | | | |
| | 含水率/% | | | | | |
| 果 | 鲜重/g | | | | | |
| | 干重/g | | | | | |
| | 含水率/% | | | | | |
| 根 | 鲜重/g | | | | | |
| | 干重/g | | | | | |
| | 含水率/% | | | | | |
| 合计 | 鲜重/g | | | | | |
| | 干重/g | | | | | |
| | 含水率/% | | | | | |
| 样方生物量/（g/m²） | | | | | | |
| 群落生物量/（t/hm²） | | | | | | |

# 五、结果计算

## 1. 生物量的计算

$$B = W_{干}/M$$

式中　$B$——生物量（g/m$^2$）；

　　　$W_{干}$——植物样品的干重（g）；

　　　$M$——样方面积（m$^2$）。

## 2. 年净生产量的计算

将全年各次测定的正增长生物量相累加，便得到了整个群落的年净生产量（NP）：

$$NP = \sum_{i=1}^{n-1}(B_{i+1} - B_i)$$

式中　$NP$——群落的年净生产量[g/(m$^2$·年)]；

　　　$B_{i+1}$——年内第 $i+1$ 次测定的生物量（g/m$^2$）；

　　　$B_i$——年内第 $i$ 次测定的生物量（g/m$^2$）；

　　　$n$——年内测定次数。

# 六、实验报告

（1）根据实验结果分析草本植物不同器官生物量的差异及其原因。

（2）分析收获量测定法测定植物生物量的优缺点。

# 实验二十
# 水生生态系统初级生产力的测定
# ——黑白瓶法

## 一、实验目的

水生生态系统包括海洋、湖泊、河流、池塘及小溪等生态系统。水体初级生产力是评价水体富营养化水平的重要指标。本实验的目的是以黑白瓶法为例学习测定水体初级生产力的原理和操作方法，理解测定水生生态系统初级生产力的意义。

## 二、实验原理

水生生态系统的初级生产过程是由水生植物，尤其以水中浮游植物为主体的植物群落所完成的。黑白瓶法又称氧气测定法，是测定水生生态系统初级生产力常用方法之一。其操作过程为：用 3 个同等规格的透明玻璃瓶，其中一个用黑色胶布缠上，再用铝箔纸包上，即为黑瓶（$DB$）。从等深度的水体中取样，保留一瓶为初始瓶（$IB$），测定水中原来的溶氧量。将另外一对黑白瓶沉入取水样深度，经过 24 h 或其他设定时间，取出进行溶氧量测定。根据测定的初始瓶（$IB$）、黑瓶（$DB$）和白瓶（$LB$）溶氧量，可计算求得：

$$净初级生产量 = LB - IB$$
$$总初级生产量 = LB - DB$$
$$呼吸量 = IB - DB$$

其原理为黑瓶是完全不透光的玻璃瓶，瓶内的植物在无光条件下只

进行呼吸作用，瓶内氧气将会逐渐减少；白瓶是完全透明的玻璃瓶，在光照条件下，瓶内植物进行光合作用和呼吸作用，但以光合作用为主，瓶中溶解氧会明显增加。假定光照条件下与黑暗条件下，生物的呼吸强度相等，可根据黑白瓶中溶解氧的变化，计算光合作用和呼吸作用的强度，并可间接计算有机物质的生成量。该方法所反映的指标是每平方米垂直水柱的日平均生产力，即指每平方米垂直水柱中初级生产者生产有机物的平均日生产力，以 $g(O_2)/(m^2 \cdot d)$ 表示。已知氧气的生成量与有机物质的生成量之间存在着一定的相关性，即每产生 1 mol $O_2$（32 g）时即可生产 36 g 有机物，可测定的平均日生产力计算有机物质的生成量。

## 三、实验仪器及材料

深水测温仪，照度计，透明度盘，采水瓶，溶解氧瓶（250 mL 具磨口塞），碘量瓶（250 mL），三角瓶，滴定管，移液管，铝箔纸，黑胶布，线绳，浓硫酸，（1∶5）硫酸，硫酸锰溶液，0.01 mol/L 硫代硫酸钠溶液，碱性碘化钾溶液，1%淀粉溶液，0.025 mol/L 重铬酸钾标准溶液。

## 四、试剂的配置

（1）硫酸锰溶液：准确称取 480.000 0 g $MnSO_4 \cdot 4H_2O$ 定容至 1 000 mL。此溶液加酸化过的碘化钾溶液中，遇淀粉不得产生蓝色。

（2）碱性碘化钾溶液：500 g NaOH 溶解于 350 mL 水中，150 mL 碘化钾溶于 200 mL 水中，冷却后合并两溶液，定容至 1 000 mL。

（3）1%淀粉溶液：称取 1 g 淀粉定容至 100 mL，加入 0.1 g 水杨酸防腐。

（4）0.01 mol/L 硫代硫酸钠溶液：称取 6.2 g $Na_2S_2O_3 \cdot 5H_2O$ 溶于煮沸冷却的水中，加入 0.2 g 碳酸钠，定容至 1 000 mL。贮存在棕色瓶中，使用前用 0.025 mol/L 重铬酸钾标准溶液标定，标定方法为：

在 250 mL 碘量瓶中，加入 100 mL 水和 1 g 碘化钾，加入 10 mL 0.025 mol/L 重铬酸钾标准溶液，加入 5 mL（1∶5）硫酸，密封，摇匀，在暗处静置 5 min，用硫代硫酸钠溶液滴定至淡黄色，加 1 mL 淀粉溶液，继续滴定至蓝色褪去，记录硫代硫酸钠用量。则硫代硫酸钠的浓度为：

$$M = 10 \times 0.025/V$$

式中　　$M$——硫代硫酸钠的浓度（mol/L）；

　　　　$V$——滴定时消耗的硫代硫酸钠的体积（mL）；

　　　　10——0.025 mol/L 重铬酸钾标准溶液（mL）；

　　　　0.025——重铬酸钾标准溶液的浓度（mol/L）。

（5）0.025 mol/L 重铬酸钾标准溶液（$1/6K_2Cr_2O_7$）：称取预先在 120 ℃烘干 2 h 的基准或优级纯重铬酸钾 1.225 8 g 溶于水中，移入 1 000 mL 容量瓶，定容。

## 五、实验步骤

### 1. 水样的采集

（1）按浮游植物采样点及采水时间进行采样，首先用照度计测定水体透光深度，如果没有照度计可用透明度盘测定水体透光深度。采水与挂瓶深度确定在表面照度 100% ~ 1%，可按照表面照度的 100%、50%、25%、10%、1%选择采水与挂瓶的深度和分层。浅水湖泊（水深≤3 m）可按 0.0 m、0.5 m、1.0 m、2.0 m、3.0 m 的深度分层。

（2）每组 6 个 250 ~ 300 mL 的无色透明的试剂瓶，其中 2 个为原初瓶（$IB$），2 个为黑瓶（$DB$），2 个为白瓶（$LB$）。黑瓶要包裹严实，完全不透光。

（3）一般从水面到水底每隔 1 ~ 2 m 挂一组瓶。为了测定光合作用指标，可在透明度的一半深度处挂一组瓶，如水体透明度在 1 m 左右，应在 0.5 m 处采水挂瓶。

（4）将采水瓶从待测的水体深度取水，保留原初瓶（$IB$），测定实验前水体溶解氧，黑瓶和白瓶挂在取样水深处，24 h 或设定时间后取出。

（5）培养结束后，取出黑白瓶立即用细尖的移液管加入 1 mL 硫酸锰溶液和 2 mL 碱性碘化钾溶液进行溶解氧固定，将试剂加入到液面之下，小心盖上塞子，避免空气带入，充分摇匀后放在黑暗处，带回实验室进行溶解氧测定。（初始瓶的溶解氧固定和室内测定方法与此相同）。

在水中加入硫酸锰及碱性碘化钾溶液，生成氢氧化锰沉淀，此时氢氧化锰性质极不稳定，迅速与水中溶解氧化合生成锰酸锰。

$$2MnSO_4 + 4NaOH \xrightarrow{\hspace{1cm}} 2Mn(OH)_2 \downarrow + 2Na_2SO_4$$

$$2Mn(OH)_2 + O_2 \xrightarrow{\hspace{1cm}} 2H_2MnO_3$$

$$H_2MnO_3 + Mn(OH)_2 \xrightarrow{\hspace{1cm}} MnMnO_3 \downarrow + 2H_2O$$

## 2. 水中溶解氧的分析——碘量法

（1）在固定水样瓶中加入 2.0 mL 浓硫酸，盖好瓶盖，剧烈上下反复摇动，待沉淀全部溶解后，水样呈黄棕色，放置暗处 5 min。

加入浓硫酸使棕色沉淀（$MnMnO_3$）与溶液中所加入的碘化钾发生反应，而析出碘，溶解氧越多，析出的碘也越多，溶液的颜色也就越深。

$$2KI + H_2SO_4 \xrightarrow{\hspace{1cm}} 2HI + K_2SO_4$$

$$MnMnO_3 + 2H_2SO_4 + 2HI \xrightarrow{\hspace{1cm}} 2MnSO_4 + I2 + 3H_2O$$

$$I_2 + 2Na_2S_2O_3 \xrightarrow{\hspace{1cm}} 2NaI + Na_2S_4O_6$$

（2）取酸化后的水样 100 mL，用硫代硫酸钠标准溶液滴定至水样变成淡黄色时滴加淀粉指示剂 1 mL，水样变成蓝色，用硫代硫酸钠逐滴滴至蓝色消失，记录消耗硫代硫酸钠的体积。

# 六、结果计算

## 1. 依下式计算水中溶解氧含量

$$p(O_2) = (MV_2 \times 8 \times 10^3)/V_1$$

式中　$p(O_2)$——水中溶解氧含量（mg/L）；

　　　$V_1$ ——水样测定体积（mL）；

　　　$V_2$ ——硫代硫酸钠用量的体积（mL）；

　　　$M$ ——硫代硫酸钠的浓度（mol/L）；

　　　8——1 mol 的 $O_2$ 和 4 mol 的 $Na_2S_2O_3$ 相当，用氧的摩尔数 32 除以
　　　　　4 可得到氧的质量（mg）。

## 2. 各水层日生产力[mg($O_2$)/($m^2 \cdot$ d)]计算

$$PN = LB - IB$$

$$PG = LB - DB$$

$$R = IB - DB$$

式中　$R$ ——呼吸量[$mgO_2$/（L·d）]；

　　　$PG$ ——为日总初级生产量[$mgO_2$/（L·d）]；

　　　$PN$ ——为日净初级生产量[$mgO_2$/（L·d）]；

　　　$IB$ ——为原初溶氧量[$mgO_2$/（L·d）]；

　　　$LB$ ——白瓶溶氧量[$mgO_2$/（L·d）]；

　　　$DB$ ——为黑瓶溶氧量[$mgO_2$/（L·d）]。

### 3. 水柱日生产量[$g(O_2)/(m^2·d)$]计算

用算术平均均值累计法计算。

【示例】 某水体某日的 0.0 m、0.5 m、1.0 m、2.0 m、3.0 m、4.0 m 处的总生产力分别是 2.0、4.0、2.0、1.0、0.5、0.0 $mg(O_2)$/（L·d），则某水柱总生产量的计算见表 1.20-1。

### 4. 有机物生成量计算

$$M[g(O_2)/(m^2·d)] = m \times \frac{36}{32} = \frac{9}{8} \cdot m$$

式中　$M$ ——有机物生成量[$g(O_2)/(m^2·d)$]；

　　　$m$ ——水柱日生产量[$g(O_2)/(m^2·d)$]。

【示例】由表 1.20-1 可见上例水柱日生产量为 5.50 $g(O_2)$/（$m^2$·d），将产氧量粗略换算为该水域第一性生产量为：

$$M = 5.5 \ g(O_2)/(m^2·d) \times \frac{9}{8} = 6.19 \ g(O_2)/(m^2·d)$$

即每日每平方米水体平均生产有机物为 6.19 g。

表 1.20-1　水柱日生产量的计算表

| 水层/m | 1 $m^2$ 水层下水层体积（L/$m^2$） | 每升水平均日产量/[$mg(O_2)/(L·d)$] | 每平方米水面下各水层日产量/[$g(O_2)/(m^2·d)$] |
|---|---|---|---|
| 0～0.5 | 500 | （2+4）/2 = 3 | 3×500 = 1 500 $mg(O_2)$/（$m^2$·d）= 1.5 $g(O_2)$/（$m^2$·d） |

续表

| 水层/m | 1 m² 水层下水层体积（L/m²） | 每升水平均日产量/[mg(O₂)/(L·d)] | 每平方米水面下各水层日产量/[g(O₂)/(m²·d)] |
|---|---|---|---|
| 0.5～1.0 | 500 | （4＋2）/2＝3 | $3 \times 500 = 1\,500$ mg(O₂)/（m²·d）<br>＝1.5 g(O₂)/（m²·d） |
| 1.0～2.0 | 1 000 | （2＋1）/2＝1.5 | $1.5 \times 1\,000 = 1\,500$ mg(O₂)/（m²·d）<br>＝1.5 g(O₂)/（m²·d） |
| 2.0～3.0 | 1 000 | （1＋0.5）/2＝0.75 | $0.75 \times 1\,000 = 750$ mg(O₂)/（m²·d）<br>＝0.75 g(O₂)/（m²·d） |
| 3.0～4.0 | 1 000 | （0.5＋0）/2＝0.25 | $0.25 \times 1\,000 = 250$ mg(O₂)/（m²·d）<br>＝0.25 g(O₂)/（m²·d） |
| 0～4.0 | | | $\Sigma$＝5.5 g(O₂)/（m²·d） |

## 七、实验报告

（1）根据测定结果，计算测定水域生态系统初级生产力，分析测定水域水质状况。

（2）分析不同深度的水域初级生产力。

【说明】

（1）此方法不能估计底栖群落的代谢，另外此方法常常因忽略细菌对氧的消耗，而低估了水生植物的生产量。

（2）测定工作最好在晴天进行。详记天气情况，如晴/阴/多云、风向、风力等；记录各层水温、透明度及水草分布情况；此外，还应测定水中主要营养盐含量，如无机磷、无机氮等。

（3）挂瓶时间以测试目的不同而定。

（4）如遇到光合作用很强，形成过饱和氧很多，在瓶中产生大的氧气泡不能放掉，可将瓶略微倾斜，小心打开瓶塞加入固定液，再盖上瓶塞充分摇匀，使氧气充分固定。

（5）每个样瓶至少滴定两次，两次滴定用量误差不超过 0.05 mL。

# 实验二十一
# 水生生态系统初级生产力的测定
# ——叶绿素法

## 一、实验目的

了解叶绿素法测定水生生态系统的原理和方法。

## 二、实验原理

叶绿素（chlorophyll）是一类与光合作用有关的最重要的色素，包括叶绿素 a、b、c、d、f 以及原叶绿素和细菌叶绿素等。高等植物主要有叶绿素 a 和叶绿素 b 两种，均不溶于水，可溶于有机溶剂，如乙醇、丙酮及乙醚等。叶绿素 a 呈蓝绿色，而叶绿素 b 呈黄绿色。在一定的光照强度下，叶绿素 a 的含量与光合作用强度之间存在密切关系，因此，可用分光光度法测定叶绿素 a 的含量作为判断水生生态系统初级生产力大小的指标，也可用于水体富营养化水平的评价，是水质检测的常规项目。

## 三、实验仪器与材料

采水器，抽滤器，离心机，透明度盘，研钵，乙酸纤维滤膜（孔径 0.80 μm、0.45 μm），滤纸，玻璃棒，分光光度计，离心机，漏斗，90% 丙酮，碳酸镁粉末，石英砂。

## 四、实验步骤

（1）用透明度盘测定水体透光深度，确定采样水深。

（2）用采水器取适量水样，加少量碳酸镁粉，放于暗处，迅速带回实验室测定。

（3）在抽滤器上装好乙酸纤维滤膜，先用 0.80 μm，再用 0.45 μm 光面在下，粗糙面在上。

（4）向抽滤器中倒入 500 mL 的水样进行抽滤，抽滤时负压应不大于 50 kPa，抽完后，继续抽 1~2 min，以减少滤膜上的水分。

（5）将载有浮游植物样品的滤膜放入研钵中，加入少量碳酸镁粉末和少量石英砂及 2~3 mL 90%丙酮，充分研磨，提取叶绿素 a。

（6）将研磨后的匀浆物移入离心管中，用离心机（3 000 r/min）离心 10 min。将上清液移入 10 mL 的容量瓶中。再用 2~3 mL 90%丙酮，继续研磨提取，离心 10 min，并将上清液转入容量瓶中。重复 1~2 次后，在用 90%丙酮定容为 10 mL，摇匀。

（7）将定容好的提取液在分光光度计上，用 1 cm 光程的比色皿，以 90%丙酮作空白，分别读取 750 nm、663 nm、645 nm、630 nm 波长的吸光度，其中,750 nm 的光密度用作校正样品的浑浊度,而 663 nm、645 nm、630 nm 吸光度则用以测定叶绿素 a。

## 五、结果计算

### 1. 叶绿素 a 含量的计算

$$叶绿素a\ (mg/m^3) = \frac{[11.64 \times (D_{663} - D_{750}) - 2.16 \times (D_{645} - D_{750}) - 0.10 \times (D_{630} - D_{750})]V_1}{V\delta}$$

式中　$D$ ——吸光度；

　　　$V_1$ ——提取液定容后的体积（$V_1 = 10$ mL）；

　　　$V$ ——抽滤水样体积（$V = 0.5$ L）；

　　　$\delta$ ——比色皿光程（$\delta = 10$ mm）。

## 2. 初级生产力的估算

表层水（1 m 以内）中浮游植物的潜在生产力（$P_s$）根据表层水叶绿素 a 的含量计算：

$$P_s[\text{mg}/(\text{m}^3 \cdot \text{h})] = 1\,000\,Ca \cdot Q$$

式中　　Ca ——表层叶绿素 a 的含量（mg/m³）；

$Q$ ——同化系数（mgC/mgChla·h），表层水的同化系数为 3.7。

# 六、实验报告

根据实验结果分析所测水生生态系统初级生产力，依据所学的理论知识分析该水域水质状况。

【说明】

（1）叶绿素 a 容易分解，提取液浓度随时间延长而降低，如不能立即提取，短期（1~2 d）保存可放入普通冰箱冷冻室。

（2）750 nm 的吸光度值不应超过 0.005，超过表示样品浑浊，可用丙酮校正。

# 下篇

## 园林生态学实习

# 实习一
# 植物群落野外调查基本方法

植物群落是指生存在一定区域或生境内所有植物种群的集合。野外实地调查是研究植物群落的一种基本方法。通过实地调查，使学生可以直接观察到植物群落的种类组成、群落的结构、群落的类型及地理分布特征等；培养学生的观察分析能力。

## 一、野外调查的准备工作

### 1. 资料准备

（1）明确调查目的、要求、对象、范围、所采用的方法及预期所获的成果，制定相应的调查路线图。

（2）对所要研究的区域及研究对象的资料收集，包括已报道的相关学术报告、论文、县志、地区名录、年鉴等。

（3）相关学科的资料收集，如地区的气象资料、地质资料、土壤资料、地貌水文资料、林业、畜牧业以及社会人文、民族情况等。

### 2. 野外调查设备材料的准备

地质罗盘、GPS、海拔表、测高器、便携式温湿度仪、地形图、望远镜、照相机、测绳、钢卷尺、标本盒、植物标本夹、枝剪、手铲、小刀、植物标本采集记录本、标签、相关记载表、方格绘图纸及相关试剂等。还需配备简易急救箱、简易炊事餐具、手电筒、帐篷、保暖衣物等。

### 3. 调查记录表格的准备

调查记录表是要记载所有要调查内容和测定项目的表格。因此，设计合理、可行的群落调查表是实现使用统一调查方法完成群落清查的关键环节。群落调查表包括样方基本信息表和群落调查记录表。表 2.1-1 ~ 表 2.1-5 是结合国内外的群落调查表及我国的实际而设计的森林群落调查表。其他群落类型的调查相对简单，可依据此表作相应修改。

表 2.1-1　植物群落野外样地记录表

| 群落名称 | | | | 野外编号 | |
|---|---|---|---|---|---|
| 记录者 | | 日期 | | 室内编号 | |
| 样地面积/m² | | 地点 | | | |
| 海拔高度/m | 坡向 | 坡度 | 群落高/m | | 总盖度/% |
| 主要层优势种 | | | | | |
| 群落外貌特征 | | | | | |
| 小地形及样地周围环境 | | | | | |
| 分层及各层特点 | | 层 | 高度/m | 层盖度/% | |
| | | 层 | 高度/m | 层盖度/% | |
| | | 层 | 高度/m | 层盖度/% | |
| | | 层 | 高度/m | 层盖度/% | |
| | | 层 | 高度/m | 层盖度/% | |
| 突出的生态现象 | | | | | |
| 地被植物情况 | | | | | |
| 群落分布区 | | | | | |
| 人为影响方式和程度 | | | | | |
| 群落动态 | | | | | |

### 表 2.1-2　植物群落基本特性记录表

群落名称＿＿＿＿＿　样地面积＿＿＿＿＿　调查时间＿＿＿＿＿　野外编号＿＿＿＿　第＿＿页
层次名称＿＿＿＿＿　层高度 ＿＿＿＿＿　层盖度 ＿＿＿＿＿　记录者＿＿＿＿＿＿＿

| 编号 | 植物名称 | 多优度—群集度 | 高度/m | | 粗度/cm | | 物候期 | 生活力 | 生活型 | 备注 |
|------|----------|----------------|--------|--------|---------|--------|--------|--------|--------|------|
| | | | 一般 | 高度 | 一般 | 高度 | | | | |
| 1 | | | | | | | | | | |
| 2 | | | | | | | | | | |
| ... | | | | | | | | | | |

### 表 2.1-3　乔木层野外样方记录表

群落名称＿＿＿＿＿＿＿　样地面积＿＿＿＿＿　野外编号＿＿＿＿＿＿　第＿＿＿＿＿页
层次名称＿＿＿＿＿＿＿　调查时间＿＿＿＿＿　记录者＿＿＿＿＿

| 编号 | 植物名称 | 胸径/cm | 高度/m | 株数/株 | 盖度/% | 物候期 | 生活力 | 备注 |
|------|----------|---------|--------|---------|--------|--------|--------|------|
| 1 | | | | | | | | |
| 2 | | | | | | | | |
| ... | | | | | | | | |

### 表 2.1-4　灌木层野外样方记录表

群落名称＿＿＿＿＿＿　样地面积＿＿＿＿＿　调查时间＿＿＿＿＿野外编号＿＿＿＿　第＿＿＿＿页
层次名称＿＿＿＿＿＿　层高度 ＿＿＿＿＿　层盖度 ＿＿＿＿＿　记录者＿＿＿＿＿

| 编号 | 植物名称 | 高度/m | | 冠径/m | | 丛径/m | | 株丛数 | 盖度/% | 物候期 | 生活力 | 备注 |
|------|----------|--------|------|--------|------|--------|------|--------|--------|--------|--------|------|
| | | 一般 | 最高 | 一般 | 最高 | 一般 | 最高 | | | | | |
| 1 | | | | | | | | | | | | |
| 2 | | | | | | | | | | | | |
| ... | | | | | | | | | | | | |

### 表 2.1-5　草本层野外样方记录表

群落名称＿＿＿＿＿＿　样地面积＿＿＿＿＿　调查时间＿＿＿＿＿　野外编号＿＿＿＿　第＿＿＿＿页
层次名称＿＿＿＿＿＿　层高度 ＿＿＿＿＿　层盖度 ＿＿＿＿＿　记录者＿＿＿＿＿＿＿

| 编号 | 植物名称 | 花序高/m | | 叶层高/cm | | 冠径/cm | | 丛径/cm | | 株丛数/株 | 盖度/% | 物候期 | 生活力 | 备注 |
|------|----------|----------|------|-----------|------|---------|------|---------|------|-----------|--------|--------|--------|------|
| | | 一般 | 最高 | 一般 | 最高 | 一般 | 最高 | 一般 | 最高 | | | | | |
| 1 | | | | | | | | | | | | | | |
| 2 | | | | | | | | | | | | | | |
| ... | | | | | | | | | | | | | | |

## 二、样地、样方的选择

"样地"和"样方"是两个既关联又有区别的空间概念。样地（Site）指群落调查的所在地，在空间上它包含样方，一般没有特定的面积。样方（Plot）则指群落调查所要实施的特定地段，有特定的面积，如森林调查的样方面积一般为 600 m$^2$。

### 1. 样地选择原则

为全面掌握一个地区群落现状、变化及所在地的环境条件，同时考虑到人力和财力的限制，群落清查时，需要对样地的布局进行合理设计。样地选择的一般原则为：全面性、代表性和典型性。

### 2. 样方的种类

因研究对象性质不同，样方的种类很多，主要介绍以下四种：

（1）记名样方。

主要是用来计算一定面积中植物的多度、个体数或茎集数。比较一定面积中各种植物的多少，就是精确地测定多度。

（2）面积样方。

主要是测定群落所占生境面积的大小，或者各种植物所占整个群落面积的大小。这主要用在比较稀疏的群落里。一般是按照比例把样方中植物分类标记到坐标纸上，然后再用求积仪计算。有时根据需要，分别测定整个样方中全部植物所占的面积（面积样方），以及植物基部所占的面积（基面样方）。这些在认识群落的盖度、显著度中是不可缺少的。

（3）质量样方。

主要是测定一定面积样方内群落的生物量。将样方中地上或地下部分进行收获称重，研究其中各类植物的地下或地上生物量。对于草本植物群落，该方法是适用的；对于森林群落，多采用体积测定法。

（4）永久样方。

为了进行追踪研究，可以将样方外围明显的标记进行固定，从而便于以后再在该样方中进行调查。一般多采用较大的铁片或铁柱在样方的左上方和右下方打进土中深层位置，以防位置移动。

### 3. 样方的选择

样方的大小、形状和数目，主要取决于所研究群落的性质、采用的学

术思路（如英美学派、法瑞学派）。群落越复杂，样方面积越大，数目一般也不应少于 3 个，因为取样数目越多，取样误差就会越小。样方选择时应注意：

（1）群落内部的物种组成、群落结构和生境相对均匀。

（2）群落（森林）面积足够，使样方四周能够有 10～20 m 以上的缓冲区。

（3）除依赖于特定生境的群落外，一般选择平（台）地或缓坡上相对均一的坡面，避免坡顶、沟谷或复杂地形。

### 4. 样方设置

（1）样方面积一般为 600 m²，重点精查群落为 1 000 m²，一般为 20 m ×30 m 或 20 m×50 m 的长方形。如实际情况不允许，也可设置为其他形状，但必须由 6 或 10 个 10 m×10 m 的小样方组成。这种 10 m×10 m 的小样方称作样格。一般来说，样方面积有大有小，但一个样格的面积是固定不变的，特指 10 m×10 m 的小样方。

（2）以罗盘仪确定样方的四边，闭合误差应在 0.5 m 以内。以测绳或塑料绳将样方划分为 10 m 的样格。

（3）对于连续监测样方，以硬木材质的木桩标记样方的四边和网格，样方四边木桩地上部分留 30 cm 左右，内部网格木桩地上部分留 15 cm 左右（如条件允许，可以将磁铁埋在各木桩的位置，以防人为破坏的影响）。

### 5. 样方数目

样方的数目决定于调查地区植物群落结构的复杂程度。如果群落的种类组成结构较为简单，则少数几个样方便能很好地反映出群落的特征；当群落的结构复杂且变化较大，植物分布不规则时，则应适当增加样方的数目，才能提高调查资料的可靠性。根据统计检验理论和实际工作经验，样方数一般在 30～50 个比较适宜，样方数太少则难以准确反映实际情况。

理论上，调查的样方数目越多，取样误差就会越小，但由于人力、物力及时间等原因，实际调查中很难做到。野外实习时让每个小组做 30～50 个样方显然不可能，但各小组可对同一群落平行调查，然后将各小组调查资料汇总进行统计、比较。调查时要注意所有样方都必须依照顺序编号，采用相同的取样方法，这样既可避免混乱，也便于资料整理。

## 三、取样方法

### 1. 种-面积曲线的绘制

样方调查是野外植物群落实地调查最常用的研究方法。首先要确定样方面积。样方面积一般应不小于群落的最小面积。所谓最小面积，是指在这一空间内，几乎包涵组成群落的所有植物种类。最小面积通常是根据种-面积曲线来确定的，见实习五。

### 2. 样带法

为了研究环境变化较大的地方，以长方形作为样地面积，而且每个样地面积固定，宽度固定，几个样地按照一定的走向连接起来，就形成了样带。样带的宽度在不同的群落中是不同的，草原地区为 10～20 cm，灌木林为 1～5 m，森林为 10～30 m。有时，在调查一个环境异质性比较突出，群落也比较复杂多变的群落时，为了提高研究效率，或以沿一个方向、中间间隔一定的距离布设若干平等的样带，再在与此相垂直的方向，同样布设若干平等的样带。在样带纵横交错的地方设立样方，并进行深入的调查分析。

### 3. 样线法

用一条线绳置于所要调查的群落中，调查缰绳一边或两边的植物种类和个体数。样线法获取的数据在计算群落数量特征时，有其特有的计算方法。它往往根据被样线所截的植物个体数目、面积等进行估算。

### 4. 无样地取样法

无样地法是不设立样方，而是建立中心轴线，标定距离，进行定点随机抽样。无样地法有很多方法，比较常见的是中点象限法。如在一片林地上，用地质罗盘设若干定距垂直线，用测绳拉好。在此垂直线上等距设点。各点再设短平行线形成四个象限。在各象限范围测 1 株距离中心点最近的、胸径大于 11.5 cm 的乔木，要记下此树的植物学名，量其胸径和圆周，用皮尺测量此树到中心点的距离。同时在此象限内再测 1 株距中心点最近的幼树（胸径 2.5～11.5 cm），同样量胸径和圆周，量此幼树到中心点的距离。有时不测幼树，每个中心点都要作 4 个象限，在中心点（或其附近）选作 1 个 1 m² 或 4 m² 的小样方，记录小样方内灌

木、草本及幼苗的种名、数量及高度。该方法也可用于草地群落调查。

## 四、调查误差

### 1. 取样误差（Sampling error）

取样误差的产生是由于样方仅为总体的一部分，不太可能得出与总体参数相等的值，它们之间总有或大或小的误差。取样误差的大小可以用估计值的标准误来度量，用估计平均值的百分数表示，称为抽样误差百分数。在植被调查中取样误差除决定于取样方法外，还取决于样本大小以及各取样单元间的变动程度，因此，在调查中应根据植被均匀程度采用适当大小的样本和选择合适的取样方法，以提高取样的精度。

### 2. 非取样误差（Non-sampling error）

非取样误差对取样调查所得的估计量可能产生很大影响，而且，这类误差一旦出现就难以发现和消除，因此，在植被调查中应把此类误差减小到尽可能小的程度。产生此类误差的原因有：

（1）样本定位的错误。

在选择样方时依据某一特性，而此特性对于研究对象有影响，因而引起误差。例如群落调查时，选择路边易到之处，而这里的群落和其他地点很不相同，此外在有意的和无意的主观选择样地时都会引起此类误差。

（2）测定或观察记录中的错误。

除了由于粗心产生的偶然错误外，不同人或同一人在不同时间对同一对象测定或观察的结果都有可能出现误差。

（3）汇总调查资料时产生的误差。

例如一个群落研究得很仔细，而另一个研究得比较粗略，但在室内整理资料时并未估计到这种情况，进行了同样的处理，也会导致误差的出现。

## 五、调查内容

（1）群落类型：样方的群落类型。

（2）样方位置：样方所在位置，如区县市村镇或林场和保护区名称，并标在地形图上。

（3）经纬度：用 GPS 确定样方所在地的经纬度。

（4）海拔：用海拔表确定样方所在地的海拔。应尽量避免使用 GPS 测定海拔高度，因为 GPS 测定海拔高度的误差较大。

（5）地形：样方所在地的地貌类型，如山地、洼地、丘陵、平原、盆地等。

（6）坡位：样方所在坡面的位置，如谷地、下部、中下部、中部、中上部、山顶、山脊等。

（7）坡向：样方所在地的方位，以 S30°E（南偏东 30°）的方式记录。

（8）坡度：样方的大致坡度。

（9）面积：样方的面积，一般为 600 m² 或 1 000 m²，记为 20 m×30 m 或 20 m×50 m。

（10）土壤类型：样方所在地的土壤类型，如褐色森林土、山地黄棕壤等。

（11）森林起源：按原始林、次生林和人工林记录。

（12）干扰程度：按无干扰、轻微干扰、中度干扰、强度干扰、重强度干扰等记录。

（13）群落层次：记录群落垂直结构的发育程度，如乔木层、灌木层、草本层等是否发达。

（14）优势种：记录各层次的优势种，如果某层有多个优势种，要同时记录。

（15）群落高度：群落的大致高度，可给出范围，如 8~12 m。

（16）郁闭度：各层的郁闭度，用百分比表示。

（17）群落剖面图：该图对了解群落的结构、种间关系、地形等非常重要。

（18）群落调查记录表：记录群落的各调查项目，包括物种、胸径（DBH）、树高及其他特征。

（19）调查人、记录人及日期：记录调查人和记录人，并注明调查日期，以备查用。

## 六、调查步骤

### 1. 基本概况调查

首先应该熟悉典型地段的植物群落概况，包括组成特征及其所属分

类系统，然后根据植物群落调查的要求，确定相宜的调查范围。

## 2．确定调查范围

依据小范围差异，确定具有代表性的群落界限进行观察。在木本植物群落中，可以有针叶林、针阔混交林或阔叶林等；在草本植物群落中，可以有干草地、草地、高山草地等。

（1）选定的典型群落，必须具有该群落的代表特征（如科属外貌和生态结构等）。

（2）在草地植物群落中，一般总覆盖度应在 70% 左右，不宜选择过疏或过密的地方。

（3）进行野生林果群落调查时，所选择的标准地必须成片；如果是零星小块者，虽优势植物显著也不宜选用。

（4）地形特殊的地段（如溪边、河边、局部低洼地），均不宜作为样方。

## 3．观察要点

（1）木本植物群落：应记载组成群落的种类及其密度、各层平均高度、总郁闭度、分层郁闭度、生长情况及优势种的主要生长指标等。

（2）草木植物群落：应记载总盖度、纯盖度、分层高度及各层的优势种类。如果可以划出个别的群聚，最好能够记明群聚和不同环境的关系。

（3）荒漠植物群落：应记载灌木及其他旱生植物的优势种类。由于这类群落的生态因素比较特殊，在观察中应特别注意生活力的反应；同时，对于苔藓和地被的生长情况，也应该进行厚度和季相的观察。

## 4．环境条件调查

（1）地理位置：经度、纬度、海拔高度等。

（2）地形条件：坡向、坡度、走势、侵蚀状况等。

（3）土壤条件：土壤质地、类型、颜色、新生体、侵入体、各层厚度、成土母质等。

（4）人类影响：砍伐、栽培、开垦、放牧、火灾等方面的强度、持续时间和频度（可通过访问调查获取）。

（5）其他：群落内外风速、气温、相对湿度、光照强度等。

# 七、调查内容的表述与度量

## 1. 多优度-群聚度的估测

多优度与群聚度相结合的打分法和记分法是法瑞学派传统的野外工作方法。它是一种主观观测的方法，要有一定的野外经验。该方法包括两个等级，即多优度等级和群聚度等级，具体内容如下：

（1）多优势度等级。

即盖度-多度级，以盖度为主，结合多度，共 6 级，分别为：

① 5：样地内某种植物的盖度在 75%以上的（即 3/4 以上者）；

② 4：样地内某种植物的盖度在 50%~75%以上的（即 1/2~3/4）；

③ 3：样地内某种植物的盖度在 25%~50%以上的（即 1/4~1/2）；

④ 2：样地内某种植物的盖度在 5%~25%以上的（即 3/20~1/4）；

⑤ 1：样地内某种植物的盖度在 5%以下，或数量尚多者；

⑥ +：样地内某种植物的盖度很小，数量也少。

（2）单株群聚度等级。

聚生状态与盖度相结合，共 5 级，分别为：

① 5：集成大片，背景化；

② 4：小群或大块；

③ 3：小片或小块；

④ 2：小丛或小簇；

⑤ 1：个别散生或单生。

因为群聚度等级也有盖度的概念，在中、高级的等级中，多优度与群聚度常常是一致的，故常出现 5.5，4.4，3.3 等记号情况，当然也有 4.5，3.4 等情况，中级以下因个体数量和盖度常有差异，故常出现 2.1，2.2，2.3，1.1，1.2，+，+.1，+.2 的记号。

## 2. 物候期的记录

这是全年连续定时观测的指标，群落物候反映季相和外貌，故在一次性调查中记录群落中各种植物的物候期仍有意义。在草本群落调查中，则更显得重要。由于各植物群落植物种类不同，其物候期的划分方法不尽相同，本书列举 6 个物候期的记录：

① 营养期："–"或者不记；

② 蕾期或抽穗期：V；

③ 开花期或孢子期：初花∪ ；盛花 O；末花∩ ；

④ 结果期与结实期：初果○；盛果●；末果⊙；

⑤ 落果期、落叶期或枯黄期：↓；

⑥ 休眠期或枯死期：×。

如果某植物同时处于花蕾期、开花期、结实期，则选取一定面积，估计其一物候期达到 50%以上者记之，其他物候期记在括号中，例如开花期达 50%以上者，则记 O（∨，＋）。

### 3. 生活力的记录

生活力又称生活强度或茂盛度。这也是全年连续定时记录的指标。一次性调查中只记录该种植物当时的生活力强弱，主要反映生态上的适应和竞争能力，不包括因物候原因生活力变化者。生活力一般分为 3 级：

① 强（或盛）：在群落中生长势良好，繁殖能力强，用符号"↑"；

② 中：生活力中等或正常，生长势一般，用符号"→"；

③ 弱（或衰）：生长势很不好，繁殖差或不能繁殖，用符号"↓"。

### 4. 树高和干高的测量

树高指一棵树从平地到树梢的自然高度（弯曲的树干不能沿曲线测量）。通常在做样方的时候，先用简易的测高仪实测群落中的一颗标准树木，其他各树则估侧。估测时均与此标准相比较。

### 5. 胸径与基径的测量

胸径指树木的胸高直径，我国规定为距地面 1.3 m 处的树干直径。严格的测量要用特别的轮尺测量。野外调查实习中，一般采用钢卷尺测量。如果碰到扁树干，测后估一个平均数就可以了，但必须要株株实地测量，不能仅在望远镜一望，任意估计一个数值。如果一株树从基部分生为 $n$ 个枝干，则每个枝干的胸径都必须测量，记录在一株植株上。胸径 2.5 cm 以下的小乔木，一般在乔木层调查中都不必测量，应在灌木层中调查。

基径是指树干基部的直径，是计算显著度时必须要用的数据，测量时，也要用轮尺或钢尺测两个数值后取其平均值。一般树干直径的测定位置是距地面 30 cm 处。同样必须实测，不要任意估计。

### 6. 冠幅、冠径和丛径的测定

冠幅指树冠的幅度，专用于乔木调查时树木的测量。用皮尺通过树干在树下量树冠投影的长度，然后再量树下与长度垂直投影的宽度。例如长度为 4 m，宽度为 2 m，则记录下此株树的冠幅为 4 m×2 m。然而在地植物学调查中多用目测估计，估测时必须在树冠下来回走动，用手臂或脚步帮忙测量。特别是那些树冠垂直的树，更要小心估测。

冠径和丛径均用于灌木层和草本层的调查，因为调查样方面积不大，所以进行起来不会太困难。测量冠径和丛径的目的在于了解群落中各种灌木和草本植物的固化面积。冠径指植冠的直径，用于不成丛单株散生的植物种类，测量时以植物种为单位，选择一个平均大小（即中等大小）的植冠直径，记一个数字即可，然后再选一株植冠最大的植株测量直径记下数字。丛径指植物成丛生长的植冠直径，在矮小灌木和草本植物中各种丛生的情况较常见，故可以丛为单位，测量共同种各丛的一般丛径和最大丛径。

## 7. 盖度的测量

群落总盖度是指一定样地面积内原有生活着的植物覆盖面的百分率。这包括乔木层、灌木层、草本层、苔藓层的各层植物。各层重叠部分不计在总盖度内。如果全部覆盖地面，其总盖度为 100%，如果林内有一个小林窗，地表正好都为裸地，太阳光直射时，光斑约占盖度的10%，其他地面或为树冠覆盖，或为草本覆盖，故此样地的总盖度为90%。总盖度的估测对于一些比较稀疏的植被来说，是具有较大意义的。草地植被的总盖度可以采用缩放尺实绘于方格纸上，再按方格面积确定盖度的百分数。

层盖度指各分层的盖度，实测时可用方格纸在林地内勾绘，比估计要准确得多。然而有经验的地植物学工作者都善于目测估计各种盖度。

种盖度指各层中每个植物种所有个体的盖度，一般也可目测估计。盖度很小的种，可略而不计，或计小于1%。

个体盖度即指上述的冠幅、冠径，是以个体为单位可以直接测量的。由于植物的重叠现象，故个体盖度之和不小于种盖度，种盖度之和不小于层盖度，各层盖度之和不小于总盖度。

# 实习二
# 大气样品的采集及主要测定方法

大气监测的主要目的有两方面：一是监督性监测，即对大气环境中主要检测物进行定期或连续地监测，判断大气质量是否符合国家规定的大气污染物排放标准，同时对大气质量状况作出评价；二是研究性监测，为研究大气质量变化、大气污染的预测预报、探讨空气污染的发展趋势及制订空气污染防控措施而对大气进行监测。通过实习使学生掌握大气采样点的布设原则、样品采集方法及大气污染物的分类，能够根据检测目的制订合理的采样方案，同时学习大气采样仪器的使用。

## 一、采样点定点前调查

在设计大气采样方案和选择采样点前，应对该地区所处的地理位置、气象资料、人口分布状况、居民及动植物受大气污染危害情况等做初步调查；随后根据监测目的，对所检测区域的污染源位置、类型、污染物类型、污染物排放量、污染物排放高度及污染物扩散情况进行调查；根据调查结果，选取具有代表性的采样区域进行采样点的布设。

### 1. 大气污染物类型

根据污染物在待测气体中的存在状态，可分以下三类：

（1）气态污染物：在常温、常压下以气态形式分散在空气中的污染物。常见的气体状态检测物有 $SO_2$、CO、$CO_2$、$NO_2$、$N_2O$、$NH_3$、$H_2S$、HF 等。该类污染物沸点较低，在常温常压下以气体形式存在。

（2）蒸气状态污染物：固态或液态物质受热挥发而进入空气中的污染物。例如汞蒸气、苯蒸气和硫酸蒸气等。该类污染物遇冷后，仍能逐渐恢复至原有的固体或液体状态。

（3）气溶胶状态污染物：由固态颗粒和液态颗粒分散在空气中形成的一种多相分散体系。气溶胶粒度大小不同，其化学和物理学性质差异也很大。极细的颗粒几乎与气体和蒸气一样，它们受布朗运动支配，在空气中经过碰撞，能聚集或凝聚成较大的颗粒，而较大的颗粒因受重力影响很大，很少聚集或凝聚，易沉降。气溶胶状态检测物的化学性质受颗粒物的化学组成和表面所吸附物质的影响。

空气污染物的存在形式是复杂多变的，往往以多种形式同时存在于大气中。因此，采样时应该根据污染物的特性，选择正确的采样方法和分析方法，确保检测结果的可靠性。

### 2. 风向和风速的调查

风向通常分为西、西北、北、东北、东、东南、南及西南八个方位。从气象资料可统计出某一时期每个方位风向的次数，以各个风向发生的次数与该时期内各方位风向总次数的百分比称为风向频率。风向频率最高的风向称为主导风向，简称主风向。通常主风向对污染源排出的废气流向影响最大，因此主风向的下风向受污染较为严重，而常将上风向的空气采气点作为对照采样点。

如果各个方位的平均风速差异较大时，需同时考虑风向和风速，一般用烟污强度系数来评价污染情况，污染源周围区域受污染的程度与风向频率成正比，与风速成反比。

$$烟污强度系数 = \frac{某方位的风向频率}{该方位的平均风速}$$

某个方位烟污强度系数的大小，通常采用烟污强度系数的百分比来表示：

$$某方位烟污强度系数百分比（\%）= \frac{某方位的烟污强度系数}{各方位烟污强度系数的总和} \times 100$$

根据烟污强度系数百分比绘制的烟污强度系数图，可以直观地反映污染源周围区域受风向和风速的综合影响情况。

### 3. 大气污染物排出高度

一般大气污染物排放高度越高，污染物接触地面时的截面越大，污染物的落地浓度越低。污染物的最大落地浓度与污染物排放高度的表达

式如下：

$$C_{\max} = \left(\frac{Q}{\pi euH_e^2}\right)^{\left(\frac{\sigma_z}{\sigma_y}\right)}$$

式中　$C_{\max}$——污染物最大落地浓度（mg/m³）；

　　　$Q$——污染源强度（mg/s）；

　　　$H_e$——污染物有效排放高度（m）；

　　　$u$——污染物出口处的平均风速（m/s）；

　　　$\sigma_z$——与大气稳定度有关的垂直平均风向扩散系数，

　　　$\sigma_y$——与大气稳定度有关的水平平均风向扩散系数。

## 二、大气采样点的选择

### 1. 大气采样点选择的原则

（1）室外大气采样点选择的原则。

① 采样点应选择在具有代表性的区域内；在整个监测区域的高、中、低三处采取不同检测物浓度的样品。

② 在污染源比较集中、主风向比较明显时，应将污染源的下风向作为主要监测范围，布设较多的采样点，在其上风向布设对照点。

③ 工业较密集的城郊、工矿区，人口密集及检测物超标地区，要适当增设采样点；在郊区和农村，人口较稀少及检测物浓度低的地区，可适当少设采样点。

④ 采样点的周围地带要开阔，避免靠近高大建筑物，以免受高大建筑物下旋流空气的影响，通常采样点与建筑物的距离应大于建筑物高度的两倍，采样点水平线与建筑物高度的夹角应不大于 30°；应避开树木及具有吸附能力的建筑材料，间隔至少 1 m；交通密集区的采样点应设在距人行道边缘至少 1.5 m 的地点。

⑤ 避免靠近污染源，采样点的设置条件要尽量一致，使监测数据具有可比性。

⑥ 根据监测目的确定采样高度。研究大气污染对人体健康的危害时，应将采样器或测定仪放置在常人站立呼吸带高度，即采样点应设在离地面

1.5 ~ 2 m 高处；连续采样例行监测，采样口高度应距地面 3 ~ 15 m；若置于屋顶采样，采样点的相对高度在 1.5 m 以上，以减小扬尘的影响；特殊地形检测高度视实际情况而定，但要保证每次采样条件要保持一致。

（2）室内空气采样点选择的原则。

① 室内空气的采样应在无人活动时进行，避开通风道和通风口，如门口、窗口及厨房排烟口。

② 采样前至少关闭门窗 4 h。采样点离墙壁距离应大于 0.5 m。采样点的相对高度在 0.5 ~ 1.5 m。

③ 室内采样点的数量可根据房间的面积设置，原则上小于 50 m$^2$ 的房间应设 1 ~ 3 个点；50 ~ 100 m$^2$ 设 3 ~ 5 个点；100 m$^2$ 以上至少设 5 个点。样点设在对角线上或梅花式均匀分布。

④ 经装修的室内环境，采样应在装修完成 7 d 以后进行，一般建议在使用前采样监测。

## 2. 采样点布设方法

常用的大气采样点布设方法有以下四种：

（1）网格布点法。

网格布点法是在监测区域的铁路、公路、市区交通路口附近划若干个网格，采样点设在两条直线的交点处或方格中心。网格的大小根据离交通线的距离而定，靠近交通线的方格可小一些，多设一些采样点；远离交通线的地方，方格可大一些，采样点布设少些；布点时要在主导风向的下风向多设采样点。在污染源较多且分布较均匀的面源污染地区常用此法布设采样点，它能较好地反映检测物的空间分布。

（2）同心圆布点法。

同心圆布点法是以污染源为中心，画同心圆，按圆的 8 个方位画放射线，沿放射线方向向外扩散，采样点布在同心圆与射线交点处。根据污染源、风向频率、有害物质排出高度和排放量以及人力、物力等实际情况确定设点数量，常年主导风向的下风向可以多设采样点。本方法适用于点源污染监测。

（3）扇形布点法。

在盛行风向较稳定的点源污染地区，以污染源所在位置为顶点，常年主风向的下风向的扇形区域不同距离设置采样点，同时在无污染区选择对照点。扇形的角度一般为 45°，不超过 90°。

（4）功能区布点法。

将监测的区域按工业区、居民住宅区、商业区、文化区、交通枢纽、公园等划分成许多"功能区"，各功能区分别设置若干个点，这样布点可以了解污染源对不同功能区酌影响。

在具体工作中，应根据实际情况，以一种采样点布设法为主，兼用其他方法，以期达到较好的监测效果。

### 3. 采样时间和频率

气体样品采样时间和频率很大程度上取决于监测目的。样品采集的时间长短与被测化合物的浓度以及稳定性有关。大气样品采样时间太短会使空气样品缺乏代表性，仅适用于突发污染事件、定点前调查等情况。大气样品采集的频率可为一年两次（夏季和冬季各一次），具体要根据研究需要而定。室内空气监测 1 h 平均浓度至少连续采样 45 min；8 h 平均浓度至少连续采样 6 h；日平均浓度至少连续采样 18 h；年平均浓度至少连续或间隔采样 3 个月。最好连续监测 3～7 日，至少监测一日。每次平行采样，平行样品的相对误差不超过 20%。

## 三、采样方法

### 1. 气态检测物的采样方法

气态检测物的采样方法通常分为直接采样法和浓缩采样法两大类。

（1）直接采样法。

直接采样法是直接用采样器将气体收集后进行测定分析。在污染物浓度大、监测仪器灵敏度高时常采用此方法，简单易行，监测速度快，但采集的样品不易久放，要尽快测定。直接采样法一般包括以下四种方法：

① 注射器采样法。

以医用 100 mL 注射器作为收集器采集有机蒸汽样品。采样时，先用注射器抽取待测气体 3～5 次，将注射器内原有气体完全排出，再采集气体样品，将进气口密封，随后将注射器进气口垂直向下，放置在采样箱内，迅速带回实验室进行分析，样品需在采样当天分析。用气相色谱仪分析的项目常采用此方法采样。

② 塑料袋采样法。

采用与污染物不发生反应及不吸附污染物的塑料袋作为采样容器。

通常使用 50 ~ 1 000 mL 铝箔复合塑料袋、聚四氟乙烯袋、聚氯乙烯袋、聚乙烯和聚酯采气袋。采样时，先用抽气筒将待测气体注入塑料袋内，清洗塑料袋 3 ~ 5 次，排塑料袋中原有气体，再注入气体样品，密封进气口，迅速带回实验室进行分析。

③ 采气管采样法。

采气管是两端具有活塞的管式玻璃容器，容积一般为 100 ~ 500 mL。采样时，打开采样管两端的活塞，用抽气泵接在采样管的任意一端，抽取比采气管容积大 6 ~ 10 倍的待测气体，将管内空气完全置换后，旋紧两端活塞，带回实验室进行分析。

④ 真空采样法。

采样容器为耐压玻璃或不锈钢制成的真空采气瓶，容积为 500 ~ 1 000 mL。采样前，先用真空泵将采气瓶内抽至真空，使瓶内余压力小于 1.33 kPa；若瓶内预先装入吸水液。抽至溶液冒泡为止，关闭活塞待用。采样时，将活塞慢慢打开，待现场空气充满采气瓶后，关闭活塞，带回实验室尽快分析。

（2）浓缩采样法。

当污染物浓度较低，或监测仪器灵敏度较低时，直接采样法不再适用，这时就要采用浓缩采样法进行采样。浓缩采样法又称为富集采样法，是当待测气体通过采集器时，污染物被填充在采集器填充物吸收、吸附或阻留，由此将低浓度的污染物富集在收集器内。此方法采样时间一般较长，测得结果表示采样时间段的平均浓度，较好地体现了大气污染实际情况。浓缩采样法一般包括以下五种方法：

① 溶液吸收法。

用抽气装置将待测空气以一定流量抽入装有吸收液的吸收管，污染物与吸收液发生化学反应或物理作用，被阻留在吸收液中，采样结束后，将吸收液倒出进行测定，根据测得的结果及采样体积计算大气中污染物的浓度。溶液吸收效率主要决定于吸收液的吸收速度和待测气体与吸收液的接触面积。

对吸收液的选择原则和要求为：

a. 与污染物发生反应快，且反应不可逆或对污染物溶解度大。

b. 与污染物反应生成物性质或吸收液吸收性能稳定。

c. 取样后便于监测分析。

d. 吸收液无毒或低毒，价格便宜，易于购买，最好能回收利用。

常用吸收管有:

a. 气泡式吸收管,管内装有 5 ~ 10 mL 吸收液,进气管插至吸收管底部,气体在穿过吸收液时,形成气泡,增大了气体与吸收液的接触面积,有利于气体中污染物质的吸收。气泡吸收管主要用于吸收气态、蒸气态物质,不宜采气溶胶态物质。

b. 冲击式吸收管,管内有一尖嘴玻璃管,该玻璃管进气口喷嘴孔径小,距瓶底又很近,当被待测样快速从喷嘴喷出冲向管底时,气溶胶颗粒因惯性作用冲击到管底被分散,易被吸收液吸收。本方法适宜采集气溶胶态物质和易溶解的气体样品,而不适用于气态和蒸汽态物质的采集。

c. 多孔筛板吸收管(瓶)。是在内管出气口熔接一块多孔性的砂芯玻板,当气体通过多孔玻板时,一方面被分散成很小的气泡,增大了与吸收液的接触面积;另一方面被弯曲的孔道所阻留,然后被吸收液吸收。所以多孔筛板吸收管既适用于采集气态和蒸汽态物质,也适于气溶胶态物质。

② 固体填充柱采样法。

固体填充柱是用一根长 6 ~ 10 cm,内径 3 ~ 5 mm 的装有颗粒状填充剂的玻璃管或塑料管。填充剂是多孔物质,具有吸附能力,能够通过物理吸附或化学吸附将待测气体中的污染物阻留浓缩下来。采样时,让待测气样以一定流速通过填充柱,采样结束后,将待测物解吸或洗脱后进行测定。根据填充剂阻留作用的原理,可分为吸附型、分配型和反应型三种类型。

a. 吸附型填充柱:所用填充剂为颗粒状固体吸附剂,吸附能力强,如活性炭、硅胶及分子筛等多孔性物质。

b. 分配型填充剂:所用填充剂为表面涂有高沸点有机溶剂(如甘油异十三烷)的惰性多孔颗粒物(如硅藻土、耐火砖等),适于对蒸汽和气溶胶态物质(如六六六、DDT、多氯联苯等)的采集。气样通过采样管时,分配系数大的或溶解度大的组分阻留在填充柱表面的固定液上。

c. 反应型填充柱:其填充柱是由惰性多孔颗粒物或纤维状物表面涂有能与被测组分发生反应试剂而制成,如石英砂、玻璃微球、滤纸及玻璃棉等。也可用能与被测组分发生化学反应的纯金属(如金、银、铜等)丝毛或细粒作填充剂。

③ 滤料阻留法。

将过滤材料放在采样夹上,用抽气装置抽气,则空气中的颗粒物被阻留在过滤材料上,称量过滤材料上富集的颗粒物质量,根据采样体积,即可计算出空气中颗粒物的浓度。

常用滤料：

a. 纤维状滤料，如定量滤纸、玻璃纤维滤膜（纸）、氯乙烯滤膜等。

b. 筛孔状滤料，如微孔滤膜、核孔滤膜、银薄膜等。根据所测污染物来选择滤料。

④ 低温冷凝采样法。

此方法是借制冷剂的制冷作用使空气中某些低沸点气态物质被冷凝成液态物质，以达到浓缩的目的。适用于大气中某些沸点较低的气态污染物质，如烯烃类、醛类等。由于空气中的水蒸气、二氧化硫甚至氧通过冷凝管时也会冷凝，对采样造成干扰。因此，应在采样管进气端装置选择性过滤器，消除空气中水蒸气、二氧化硫、氧等的干扰。

常用制冷剂：液氮、冰、干冰、冰-食盐、液氯-甲醇、干冰-二氯乙烯、干冰-乙醇等。

⑤ 自然积集法。

利用物质的自然重力、空气动力和浓差扩散作用采集大气中的被测物质，如自然降尘量、硫酸盐化速率、氟化物等大气样品的采集。此方法不需动力设备，简单易行，且采样时间长，测定结果能较好地反映大气污染情况。

## 四、空气污染物浓度的表示方法

### 1. 气体体积标准换算

由于气体体积会随温度和压力的变化而变化，不同的采样点温度及压力各不相同，为了使不同采样点污染物的测定结果具有可比性，必须将采样体积换算成标准状况下的体积。目前，常采用的标准状态温度和大气压力分别为 25 ℃ 和 101.3 kPa。气体体积换算公式为：

$$V_{25} = V_t \times \frac{273+25}{273+t} \times \frac{P}{101.3}$$

式中　$V_{25}$ ——标准状态下的采样体积（L）；

　　　$V_t$ ——实际采样体积（L）；

　　　$P$ ——采样时大气压力（kPa）；

　　$t$ ——采样时温度（℃）。

　　实际采样体积的计算公式如下：

$$V_t = Qm$$

式中　$V_t$ ——实际采样体积（L）；

　　　$Q$ ——气体流速（L/min）；

　　　$m$ ——采样时间（min）。

　　因此，采样时必须要记下气体流速、采样时间、气温和气压，并根据气体状态方程将其换算成标准状况下的采样体积。

### 2. 空气污染物浓度表示

　　空气污染物的浓度通常表示方法有以下三种：

　　（1）质量体积浓度：以每立方米空气中含有物质的毫克数表示，单位为 mg/m³。本表示方法可用于表示气体、蒸汽和气溶胶状态空气污染物的浓度，是我国法定计量单位之一。

　　（2）体积浓度：每立方米空气中含有检测物的毫升数，单位为 mL/m³（百万分之一，ppm）。这种表示法仅适用于表示气体和蒸汽状态检测物的浓度，不适用于气溶胶状态检测物的浓度。

$$ppm = \frac{被测物体积}{气体总体积} \times 10^6$$

　　（3）数量浓度：指每立方米空气中含有多少个分子、原子或自由基，单位为个/m³。通常用来表示空气中浓度水平极低的检测物的含量。

　　质量体积浓度与体积浓度之间可通过下式换算：

$$\frac{mg \cdot m^{-3}}{ppm} = \frac{M}{24.5}$$

式中　$M$ ——所测气体的摩尔质量（g）；

　　　24.5 ——标准条件下气体的摩尔体积（L）。

## 五、监测项目

　　除对国家《环境空气质量监测规范（试行）》规定的必测项目进行监

测外，还可根据监测目的和实际条件选择监测项目，见表 2.2-1。

**表 2.2-1　国家环境空气质量监测网监测项目**

| 必测项目 | 选测项目 |
| --- | --- |
| 二氧化硫（$SO_2$） | 总悬浮颗粒物（TSP） |
| 二氧化氮（$NO_2$） | 铅（Pb） |
| 可吸入颗粒物（$PM_{10}$） | 氟化物（F） |
| 一氧化碳（CO） | 苯并[a]芘（B[a]P） |
| 臭氧（$O_3$） | 有毒有害有机物 |

对于污染源的监测，应根据有关的规范和大气标准的要求及污染源的特点。对于具有代表性、污染严重的污染物应选为测定项目。例如城市空气污染中的汽车尾气监测。

大气污染监测的方法很多，要根据监测目的要求，具备的仪器设备条件以及操作人员的技术水平进行选择。常用的监测方法有化学分析法和仪器分析法。其中最常用的有比色及分光光度法、原子吸收光谱法、色谱法、离子选择电极法、阳极溶出伏安法等。对于一些项目有专用测定仪器，应按照规范的要求选择通用的分析方法（一般是标准方法），以此保证测定结果具有可比性。

# 六、大气污染物必测项目的测定方法

## 1. 二氧化硫的测定方法

二氧化硫（$SO_2$）又名亚硫酸酐，为无色、强刺激性气体，极易溶于水，也溶于乙醇和乙醚等有机溶剂。二氧化硫是大气污染监测的主要指标，它主要来源于以煤或石油为燃料的工厂企业，如火力发电厂、钢铁厂、有色金属冶炼厂和石油化工厂等，此外，硫酸制备过程及一些使用硫化物的工厂也可能排放出二氧化硫。人体吸入二氧化硫后主要对结膜和上呼吸道黏膜具有强烈的刺激性，可致支气管炎、肺炎，严重者可致肺水肿和呼吸麻痹。

测定二氧化硫的标准分析方法是盐酸恩波副品红比色法，吸收液是四氯汞钾（钠），为避免汞的污染，常用甲醛溶液代替汞盐作吸收液。

（1）四氯汞钾溶液吸收—盐醋恩波副品红比色法

二氧化硫被四氯汞钾溶液吸收后，生成稳定的二氯亚硫酸盐络合物，保护了二氧化硫不被氧化，再向采样后的溶液中加入甲醛及盐酸恩波副品红，生成紫红色络合物，于波长 575 nm 处比色测定。

（2）甲醛缓冲溶液吸收—盐酸恩波副品红比色法

二氧化硫被甲醛缓冲液吸收后，生成稳定的羧甲基磺鼓加成化合物，加碱后又释放出二氧化硫，然后与盐酸恩波副品红作用，生成紫红色络合物，于波长 575 nm 处比色测定。

### 2. 二氧化氮的测定方法

氮氧化物（$NO_x$）种类很多，造成大气污染的主要是一氧化氮（NO）和二氧化氮（$NO_2$），NO 在大气中被氧化成 $NO_2$，因此环境学中的氮氧化物一般是指这二者的总称。$NO_2$ 是一种棕红色有刺激性臭味的气体，易溶于水，具有腐蚀性和较强的氧化性，是污染大气的主要成分之一。其主要污染源是各类化工厂排放的废弃及汽车尾气。$NO_2$ 主要损害呼吸道，可引发迟发性肺水肿、成人呼吸窘迫综合征，并发气胸及纵隔气肿；慢性中毒主要表现为神经衰弱综合征及慢性呼吸道炎症。

大气中 $NO_2$ 的测定方法是盐酸萘乙二胺比色法（Saltzman 法），其方法原理是待测气体中的二氧化氮被吸收液吸收转化生成亚硝酸和硝酸，其亚硝酸盐中的对氨基苯磺酸发生重氮反应，再与 N—（1—萘基）乙二胺盐酸盐作用，生成玫瑰红色的偶氮染料，在波长 540 nm 处比色，测定吸光度值。该方法灵敏度高，选择性好，操作简便且显色稳定。由于吸收液不能将 $NO_2$ 全部转化为亚硝酸，其转换率为 76%，所以在计算测定结果时应除以转化系数 0.76。

### 3. 可吸入颗粒物（$PM_{10}$）的测定方法

可吸入颗粒物又称为 $PM_{10}$，是指空气动力学当量直径≤10 um 的颗粒物。其来源复杂多变，一次污染物有粉尘、煤烟、雾尘及汽车尾气；二次污染有空气中硫氧化物、氮氧化物、挥发性有机化合物及其他化合物互相作用形成的细小颗粒物。可吸入颗粒物能在空气中长期飘浮，污染面大，对阳光具有散射作用，从而降低大气的能见度。可吸入颗粒物对人体健康危害很大，由于粒径细小，可通过呼吸作用直接进入人体，沉积在呼吸道、肺泡等部位从而引发疾病，颗粒物的直径越小，进入呼吸道的部位越深。

可吸入颗粒物（$PM_{10}$）是室内外空气质量监测的重要指标之一，目前常用的测定方法有重量法和石英压电晶体差频法。

（1）重量法。

根据采样流量不同，该方法分为大流量采样-重量法、中流量采样-重量法和小流量采样-重量法。

① 大流量采样-重量法使用安装有大粒子切割器的大流量采样器采样，将 $PM_{10}$ 收集在已恒重的滤膜上，根据采样前后滤膜重量之差和采气体积，即可计算 $PM_{10}$ 的质量浓度。

② 中流量采样-重量法采用装有大粒子切割器的中流量采样器采样，测定方法同大流童采样-重量法。

③ 小流量采样-重量法使用小流量采样，如我国推荐的 13 L/min 采样。采样器流量计一般用膜流量计校准。其他同大流量采样-重量法。

（2）石英压电晶法。

该方法采用专用仪器石英谐振器，石英谐振器实际上相当于一个超微量天平。其测定原理是：用静电采样器将可吸入颗粒物采集在石英谐振器的电极表面上，因电极上增加了尘粒的重量，其振荡频率发生变化，根据频率变化可求出飘尘的浓度。石英谐振器集尘越多，其振荡频率变化量越大，二者呈正相关，可吸入颗粒物（$PM_{10}$）的计算公式如下：

$$c = \frac{A \cdot \Delta f}{Q \cdot t}$$

式中　$c$ ——可吸入颗粒物的浓度（$mg/m^3$）；

　　　$A$ ——有石英晶体特性和温度等因素决定的常数；

　　　$\Delta f$ ——石英谐振器集尘量（mg）；

　　　$Q$ ——采样流量（$m^3/min$）；

　　　$t$ ——采样时间（min）。

### 4. 一氧化碳的测定方法

一氧化碳（CO）纯品为无色、无味、无刺激性的气体，极难溶于水，是大气中分布最广和数量最多的污染物，也是燃烧过程中生成的重要污染物之一。凡含碳的物质燃烧不完全时，都可产生 CO 气体。一氧化碳进入人体之后极易与血液中的血红蛋白结合，产生碳氧血红蛋白，进而

使血红蛋白不能与氧气结合，妨碍了机体各组织的输氧功能，造成缺氧症，严重者会因呼吸麻痹而死亡。

一氧化碳的测定方法很多，常用标准分析方法有气相色谱法和不分光红外线气体分析法。

（1）气相色语法。

一氧化碳在氢气流中，经分子筛与碳多孔小球串联柱分离后，在360 ℃下经镍催化剂与氢气反应转化成甲烷，再用氢火焰离子化检测器测定。

（2）不分光红外线气体分析法。

一氧化碳可强烈吸收波长 4.65 nm 的红外线，其吸收值与一氧化碳浓度呈线性相关。利用一氧化碳不分光红外线气体分析仪进行测定。

（3）汞置换法。

汞置换法也称间接冷原子吸收法。该方法基于待测气体中的 CO 与活性氧化汞在 180~200 ℃下发生反应，置换出汞蒸气，根据汞吸收波长 2 537 nm 紫外线的特点，利用光电转换检测器测出汞蒸汽含量，再将其换算成一氧化碳浓度。

### 5. 臭氧的测定方法

臭氧（$O_3$）是氧气($O_2$)的同素异形体，是一种有特殊臭味的淡蓝色气体，稳定性差，易分解为氧气。臭氧是一种强氧化剂，具有消毒、灭菌、漂白及除臭的作用，无二次污染，广泛应用于水消毒、食品加工杀菌、食品贮藏保鲜、医疗卫生和家庭消毒等方面。

臭氧浓度检测方法大致可分为化学分析法、物理分析法及物理化学分析法三类。

（1）化学分析法。

① 碘量法：最常用的臭氧测定方法，是测定气体臭氧的标准分析方法。其原理为强氧化剂臭氧（$O_3$）与碘化钾（KI）水溶液反应生成游离碘（$I_2$），臭氧还原为氧气。游离碘显色，依在水中浓度由低至高呈浅黄至深红色，利用硫代硫酸钠（$NaS_2O_3$）标准液滴定，游离碘变为碘化钠（NaI），反应终点为完全褪色止。此方法优点为显色直观，不需要贵重仪器。缺点是易受其氧化剂如 NO 等物质的干扰，在重要检测时应减除其他氧化物质的影响。

② 比色法：根据臭氧与碘化钾反应析出 $I_2$，$I_2$ 在波长 352 nm 处有

吸收峰，用分光光度计比色测定。此法多用于检测水溶解臭氧浓度。

③ 检测管：将臭氧氧化可变化的试剂浸渍在载体上，作为反应剂封装在标准内径的玻璃管内做成测管，使用时将检测管两端切断，把抽气器接到检测管出气端吸取定量臭氧气体，臭氧浓度与检测管内反应剂柱变色长度成正比，通过刻度值读取浓度值。此方法操作简单，用于检测空气臭氧浓度，适于现场应用，

（2）物理分析法。

利用臭氧对 254 nm 波长的紫外线吸收的特性，依据比尔-郎伯（Beer-Lambert）定律制造出的分析仪器，只要选择合适长度的吸收池，就可以检测 0.002 mg/m³ 浓度的臭氧。此方法不但可以适用于检测气体中臭氧浓度，也可以检测水中溶存的臭氧浓度。

（3）物理化学方法。

靛蓝二磺酸钠（IDS）分光光度法其原理是含臭氧的气体在有多孔玻板的吸收管中通过蓝色的 IDS 溶液，生成的溶液用分光光度计在610 nm 处测量，通过计算得出臭氧浓度。这种方法操作比较复杂，用于检测环境中臭氧浓度或作为基准用来标定物理方法仪器（低浓度）。

# 七、实习报告

对校区内学生食堂区或校区外某工业区进行定点前调查，将调查结果以图表的形式表述，并对该区域设计气体采样点布设方案。

# 实习三
# 水样的采集及保存方法

　　水是生物生存的物质基础，也是环境的重要组成部分。水质监测对园林绿化配置中植物的选取有重要意义，同时水质监测也是环境质量评价的主要依据。水质监测首先要进行水样采集，为确保水样具有代表性，采样时采样方法、采样容器以及水样的保存都必须按要求严格操作。

## 一、采样点定点前调查

　　采样点布设前，先要对监测区域进行调查，掌握监测水域周边地区基本情况，以便根据实际情况更好的布点取样，具体调查内容主要有以下三方面：
　　（1）监测区域水文状况、气候条件（降雨量、蒸发量等）、地形状况、河道质地、植被分布等。
　　（2）监测水域沿岸城镇居民区及工业布局、农业分布、工业废水排放量、废水污染物类型、排污方式、污水灌溉等情况。
　　（3）监测水域的宽度、深度、河床质地、水位高度、流量、流速及流向等情况。

## 二、采样布设

　　采样点的布设包括两个方面，即在水体系统中选择合适的采样地段（采样断面）和在所选地段上的具体采样位置（采样点）。由于所监测水体基本状况不同，采样布点的要求和原则也不相同，因此，布点的方法要视具体情况而定。

## 1. 采样断面的布设

采样断面的布设是监测工作的重要环节，应有代表性，能较真实全面地反映水体水质及污染物的空间分布和变化规律。对于一般的江河水系，至少应在污染源的上游、中游和下游布设三个采样断面。

（1）清洁断面：对照断面，为未受到污染时河流水质情况，设在监测区域河流上游，没有受到监测区污染源的污染。

（2）检测断面：污染断面，设在污染源排放处紧接下游但与河水混合较均匀的地段。此断面的水质监测结果与清洁断面相对照，可用于了解水质污染的情况。

（3）消减断面：结果断面，设在河流的下游，用来表明河流流经该城市或工业区范围后污染的最终结果，也反映给下游河段造成污染的情况。有时下游断面设在河流基本达到自净的地段。这时该断面可称为自净断面，用以了解水体自净的能力。

对于水质变化不大或污染源小而影响不大的水域，布设一个断面即可。

## 2. 采样点的布设

（1）地表水采样点的布设。

断面位置确定后，断面上采样点的布设，应根据河流的宽度和深度而定。一般水面宽 50 m 以下，只设一条中泓垂线，水面宽 50 ~ 100 m，设左右两条垂线；水面宽大于 100 m 时，应设左、中、右三条垂线。在一条垂线上水深小于 5 m 时，只在水面下 0.5 m 处设一点；水深 5 ~ 10 m 设两个点，即水面下 0.5 m 和河底以上 0.5 m 处。水深大于 10 m 设三个点，即水面下 0.5 m 处，1/2 水深处，河底以上 0.5 m 处。

（2）工业废水采样点的布设。

工业废水的采样点往往要根据工厂生产工艺及检测分析的目的来确定。通常设在工厂的总排放口，车间或工段的排放口以及有关污水处理装置的进水及排水处。

① 监测一类污染物，如汞、镉、铬、砷、铅及强致癌物时，采样点布设在车间或车间设备出口处。

② 监测二类污染物，如悬浮物、硫化物、氰化物、挥发酚、石油类、铜、锌、氟、硝基苯类、苯胺类等时，采样点布设在工厂排污口。

③ 监测废水处理效果时,采样点布设在废水处理设施的入水口及出水口。采样时需同时取样。

在排水管道或渠道中流动的废水,由于管壁的滞留作用,同一断面的不同部位,流速和浓度都有可能互不相同。因此可在水面以下 1/4 或 1/2 水深处取样,作为代表平均浓度的废水水样。

（3）供水管网采样点的布设。

供水管网采样点通常布设在水厂出水口、疑似污染源入口处、用户自来水取水出。取样前需要调查用户与供水厂的距离、需水的程度、管网材质等因素。

（4）地下水采样点的布设。

地下水的监测采用布设监测井点的方式进行,监测井点主要布设在监测区域内及周边环境敏感点、地表污染物排放出;监测井点的层位应以潜水和可能受外界环境影响的含水层为主。一般地下水水位监测点数应大于相应评价级别地下水水质监测点数的 2 倍以上。


## 三、水样类型

### 1. 瞬时水样

瞬时水样是指在某一时间某一地点从水体中随机采集的分散水样。该水样的分析结果只代表取样时的水质。当水体水质相对稳定,其组分在相当长的时间或相当大的空间范围内变化不大时,瞬时水样具有很好的代表性;当水体组分及含量随时间和空间变化较大时,该水样的检测结果不能说明水体实际水质状况。

### 2. 混合水样

混合水样是指在同一采样点于不同时间所采集的瞬时水样的混合水样。这种水样适用于分析水体平均浓度,但不适用于被测组分在贮存过程中发生明显变化的水样。如果废水排放和流量比较恒定,则在 24 h 内每隔相同时间,采集等层等量水样,最后混合而成平均水样称"时间混合水样"。如果水的流量随时间变化,必须采集流量比例混合样,即在不同时间依照流量大小按比例采集的混合样。可使用专用流量比例采样器采集这种水样。

### 3. 综合水样

把不同采样点同时采集的各个瞬时水样混合后所得到的样品称综合水样。这种水样在某些情况下更具有实际意义。例如，当为几条排污河、渠建立综合处理厂时，以综合水样取得的水质参数作为设计的依据更为合理。

## 四、采样方法及采样频率

### 1. 采样方法

（1）地表水的采集：采集河流、湖泊、海洋、水库、蓄水池等地表水水样时，要考虑水深和流量。借用监测船、采样船、手划船等交通工具或在桥上采集。采集表层水样，可直接将采样器放入水面下 0.5 m 处采集，采样后立即加盖塞紧，避免接触空气。深层水采样时，须用特制的采样器。采集底层水样时，切勿搅动沉积层。

（2）工业废水的采集：工业废水组分和浓度随时间变化较大。因此，采样前需先进行污染源调查，根据监测目的决定水样类型。

（3）地下水的采集：从监测井中采集水样常利用抽水机设备。启动后，先放水数分钟，将管道内原有的水排出，然后用采样容器接取水样。对于无抽水设备的水井，可选择适合的采水器采集水样，如深层采水器、自动采水器等。

（4）根据测定分析内容确定采样方法：测定悬浮物、pH 值、溶解氧、生化需氧量、油类、硫化物、放射性、微生物等项目需要单独采样；其中，测定溶解氧、生化需氧量和有机污染物等项目的水样必须充满容器；pH 值、电导率、溶解氧等项目宜在现场测定；采样时还需同步测量水文参数和气象参数。

（5）采样时必须认真填写采样登记表及标签：标签内容包括采样点编号、采样日期和时间、采样人、测定项目等。

### 2. 采样频率

（1）地面水常规监测：条件允许的情况下，一月采集一次水样。一般常在丰水期、枯水期、平水期各采样两次，至少也要在丰水期和枯水期各采样一次。

（2）工业废水监测：一般而言，采样次数越多的混合水样，结果更加准确，其代表性越好。多数情况下可在一个生产周期内每隔半小时或一小时采样一次，然后加以混合。如果要采集几个周期的水样，也可每隔 2 h 取样一次，但总采样次数不应少于 8～10 次。

① 车间排污口采样频率：对于连续稳定生产车间的排污口，应在一个生产周期内采集一次混合水样；对连续不稳定生产车间的排污口，可采集综合水样，亦可定时采集水样，找出废水量最大、污染物浓度最高的排放高峰，要求每周采样不得少于两次，对于间断排污车间的排污口，应在生产时采样，每个生产周期采样五次，每月监测两次。

② 工厂排污口采样频率：每月监测两次即可。若想了解工厂废水一天内不同时间水质变化情况，可每隔 1 h 或 5～10 min 采集水样一次，并立即分析，找出水质变化规律。

③ 污水处理厂采样频率：城市污水处理厂受纳数十个甚至上千个工厂的废水以及城市的生活污水，废水在流到污水处理厂时，途中已有一定的混合。通常可每隔一小时采样一次，连续采集 24 h 或 8 h，然后混合，测各组分的平均浓度。

## 五、水样的运输与保存

### 1. 水样的运输

水样采集后，必须尽快送回实验室。根据采样点的地理位置和测定项目最长可保存时间，选用适当的运输方式，并做到以下两点：

（1）尽量避免水样在运输过程中震动、碰撞导致破损或污染。

（2）需冷藏的样品，应采取致冷保存措施；冬季应对玻璃采样瓶采取保温措施，以免冻裂。

### 2. 水样的保存方法

各种水质的水样，从采集到分析测定这段时间内，由于环境条件的改变，微生物新陈代谢活动和化学作用的影响，会引起水样某些物理参数及化学组分的变化，不能尽快分析时，要根据检测分析项目的要求，放在性能稳定的材料制作的容器中，采取适宜的保存措施，见表 2.3-1。

表 2.3-1　常见测定项目的水样保存方法

| 序号 | 测定项目 | 盛水器材质 | 保存方法 | 最大存放时间 |
|---|---|---|---|---|
| 1 | 温度 | 塑或玻 | 4 ℃ 冷藏 | 现场测定 |
| 2 | 嗅味 | 玻 | 4 ℃ 冷藏 | 6～24 小时 |
| 3 | 色度 | 塑或玻 | 4 ℃ 冷藏 | 24 小时 |
| 4 | 浑浊度 | 塑或玻 | 4 ℃ 冷藏 | 4～24 小时 |
| 5 | 电导率 | 塑或玻 | 4 ℃ 冷藏 | 1～7 天 |
| 6 | 总固体 | 塑或玻 | 4 ℃ 冷藏 | 7 天 |
| 7 | 悬浮固体 | 塑或玻 | 4 ℃ 冷藏 | 1～7 天 |
| 8 | 溶解固体 | 塑或玻 | 4 ℃ 冷藏 | 1～7 天 |
| 9 | pH | 塑或玻 | 4 ℃ 冷藏 | 现场测定 |
| 10 | 酸度 | 塑或玻 | 4 ℃ 冷藏 | 24 小时 |
| 11 | 碱度 | 塑或玻 | 4 ℃ 冷藏 | 24 小时 |
| 12 | 硬度 | 塑或玻 | 4 ℃ 冷藏 | 7 天 |
| 13 | 钙 | 塑或玻 | 4 ℃ 冷藏 | 7 天 |
| 14 | 镁 | 塑或玻 | 4 ℃ 冷藏 | 7 天 |
| 15 | 钾 | 塑 | 4 ℃ 冷藏 | 7 天 |
| 16 | 钠 | 塑 | 4 ℃ 冷藏 | 7 天 |
| 17 | 游离氯 | 玻 | | 现场测定 |
| 18 | 氯化物 | 塑或玻 | 4 ℃ 冷藏 | 7 天 |
| 19 | 硫酸盐 | 塑或玻 | 4 ℃ 冷藏 | 7 天 |
| 20 | 亚硫酸盐 | 塑或玻 | 4 ℃ 冷藏 | 24 小时 |
| 21 | 硫化物 | 玻 | 加 1 mol/L 的 $Zn(OAc)_2$，2 mL/L 水样、再加 1 moL/L 的 NaOH，2 mL/L 水样，然后 4 ℃ 冷藏 | 24 小时 |
| 22 | 氰化物 | 塑 | 加 NaOH 至 pH = 10～11，然后 4 ℃ 冷藏 | 24 小时 |
| 23 | 氟化物 | 塑 | 4 ℃ 冷藏 | 7 天 |

| 序号 | 测定项目 | 盛水器材质 | 保存方法 | 最大存放时间 |
|---|---|---|---|---|
| 24 | 溶解氧 | 玻 | 加硫酸锰和碱性碘化钾试剂 | 4～8 小时 |
| 25 | 生化需氧量 | 玻 | 4 ℃冷藏 | 4～24 小时 |
| 26 | 化学需氧量 | 玻 | 加 $H_2SO_4$，1～2 mL/L 水样（或至 pH＜2）然后 4 ℃冷藏 | 1～7 天 |
| 27 | 总有机碳 | 玻 | 4 ℃冷藏 | 1～7 天 |
| 28 | 氨氮 | 塑或玻 | 加 $HgCl_2$，20～40 mg/L 水样（或加 $H_2SO_4$ 至 pH＜2），然后 4 ℃冷藏 | 1～7 天 |
| 29 | 硝酸盐氮 | 塑或玻 | 4 ℃冷藏 | 1～7 天 |
| 30 | 亚硝酸盐氮 | 塑或玻 | 加 $HgCl_2$，20～40 g/L 水样，然后 4 ℃冷藏 | 24 小时 |
| 31 | 有机氮 | 玻 | 4 ℃冷藏 | 24 小时 |
| 32 | 总金属 | 塑 | 加 $HNO_3$，1～2 mL/L 水样，然后 4 ℃冷藏 | 数周 |
| 33 | 溶解金属 | 塑 | 现场过滤，再加，2～10 mL/L 水样，然后 4 ℃冷藏 | 数周 |
| 34 | 汞 | 塑 | 加 $HNO_3$，5～10 mL/L 水样，然后 4 ℃冷藏 | 7 天 |
| 35 | 总铬 | 塑 | 加 $HNO_3$ 至 pH＜2，然后 4 ℃冷藏 | 12 小时 |
| 36 | 六价铬 | 塑 | 加 NaOH 至 pH＝8.5，然后 4 ℃冷藏 | 12 小时 |
| 37 | 镉 | 塑 | 加 $HNO_3$ 或 $H_2SO_4$ 至 pH＜2，然后 4 ℃冷藏 | 7 天 |
| 38 | 硒 | 塑或玻 | 4 ℃冷藏 | 7 天 |
| 39 | 硅 | 塑 | 现场过滤，然后 4 ℃冷藏 | 1～7 天 |
| 40 | 硼酸盐 | 塑 | 4 ℃冷藏 | 7 天 |

续表

| 序号 | 测定项目 | 盛水器材质 | 保存方法 | 最大存放时间 |
|---|---|---|---|---|
| 41 | 总磷 | 塑或玻 | 4 ℃ 冷藏 | 1~7 天 [c] |
| 42 | 正磷酸盐 | 塑或玻 | 现场过滤，然后 4 ℃ 冷藏 | 24 小时 |
| 43 | 酚 | 玻 | 加 $CuSO_4 \cdot 5H_2O$，1 g/L 水样，及加 $H_3PO_4$ 至 pH=4，或加 NaOH，2 g/L 水样，然后 4 ℃ 冷藏 | 24 小时 |
| 44 | 油和脂 | 玻 | 加 $H_2SO_4$，1~2 mL/L 水样（或至 pH<2）；然后 4 ℃ 冷藏 | 24 小时 |
| 45 | 合成洗涤剂 | 玻 | 加 $HgCl_2$，20~40 mL/L 水样，然后 4 ℃ 冷藏 | 24 小时 |
| 46 | 苯胺 | 玻 | 4 ℃ 冷藏 | 24 小时 |
| 47 | 硝基苯 | 玻 | 4 ℃ 冷藏 | 24 小时 |
| 48 | 有机氯 | 玻 | 加 $H_2SO_4$ 至 pH<2 | 24 小时 |
| 49 | 多环芳烃 | 玻 | 4 ℃ 冷藏 | 7 天 |
| 50 | 细菌总数 | 塑或玻 | 冷藏 | 6 小时 |
| 51 | 大肠杆菌 | 塑或玻 | 冷藏 | 6 小时 |

（1）冷藏或冷冻法。

冷藏或冷冻的作用是抑制微生物活动，减缓物理挥发和化学反应速度。

（2）加入化学试剂保存法。

① 加入生物抑制剂：如在测定氨氮、硝酸盐氮、化学需氧量的水样中加入 $HgCl_2$，可抑制生物的氧化还原作用；对需测定酚的水样，用 $H_3PO_4$ 调至 pH 值为 4 时，加入适量 $CuSO_4$，即可抑制苯酚菌的分解活动。

② 调节 pH 值：测定金属离子的水样常用 $HNO_3$ 酸化至 pH 值为 1~2，既可防止重金属离子水解沉淀，又可避免金属被器壁吸附；测定氰化物或挥发性酚的水样加入 NaOH 调至 pH 值为 12 时，使之生成稳定的酚盐等。

③ 加入氧化剂或还原剂：如测定汞的水样需加入 $HNO_3$（至 pH<1）和 $K_2Cr_2O_7$（0.05%），使汞保持高价态；测定硫化物的水样，加入抗坏

血酸，可以防止被氧化；测定溶解氧的水样则需加入少量硫酸锰和碘化钾固定溶解氧（还原）等。

加入的化学试剂要求对测定结果无干扰或干扰可以忽略；保存剂的纯度最好是优级纯的，还应做相应的空白试验，对测定结果进行校正。

## 六、实习报告

对学校周边水域基本情况进行调查，制订采样断面及采样点布设方案，并作图说明。

# 实习四
# 土壤环境调查

## 一、实习目的

土壤是具有一定肥力，能够生长植物的地球陆地的疏松表层。它是各种成土因素综合作用的产物，气候、岩石（母质）、地形和植物等都是土壤形成和演化的自然要素。它能供给植物以生长空间、矿质元素和水分，是生态系统中物质与能量交换的场所，也是生态系统的重要组成成分之一。同时，土壤本身也是一个独立的系统，内部有许多生物生存，并与周围进行物质和能量交换。土壤肥力是土壤在植物生活的全部过程中，同时而不断地供给植物以最大量的有效养料和水分的能力。土壤剖面是土壤自上而下的垂直切面。它是土壤内在性状的外在表现，每一类土壤都有它特有的剖面。

通过该实习让学生熟练掌握野外进行土壤剖面调查的基本方法，加深对土壤环境基本理化特性的认识。同时，比较农业耕作土壤与自然土壤在主要理化性状上的差异。

## 二、调查内容

土壤剖面现场调查，采用自然土壤与农业耕作土壤对照方法进行土壤环境和土壤剖面现场调查，其调查内容及方法为：

### 1. 母质类型

若系岩石区，应注意基岩种类及风化程度（不包括经人工或自然移动过的岩石），土壤母质中夹杂的砾石种类也应注明，如石灰岩坡积物、花岗岩残积物等。土壤母质可分为残积和沉积两个类型，见表 2.4-1。

### 2. 海拔高度

将海拔仪调整到已知高程点的高度值后带到测点，读出测点处指示的高度。也可根据附近已知海拔高程估算。

**表 2.4-1　土壤母质分类简表**

| 土壤母质类型 | 作用力 | 土壤母质种类 |
|---|---|---|
| 残 积 | | 残积物（各种岩石风化后就地形成） |
| 沉 积 | 水 力 | 冲积物、洪积物、湖积物、海积物 |
| | 风 力 | 黄土、沙丘 |
| | 冰川力 | 冰积物 |
| | 重 力 | 坡积物 |

### 3. 坡向

根据手持罗盘或指北针确定。

### 4. 坡度

用坡度仪或测高器测定。

### 5. 坡位

按山脊、上坡、中坡、下坡、山麓划分。

### 6. 地类

指土地现在利用情况，如林地、迹地、农田、人行道、停车带、街头绿地等。

### 7. 地形

地形可分为大地形和小地形。小地形指每一种地形面积均较小，相对高差在 10 m 以下，可分为平坦（高差 1 m 以下）、较平坦（高差 1～2 m）、起伏（高差 2 m 以上）等。大地形参照表 2.4-2。

表 2.4-2　地形分类表

| 类别 | 海拔 | 相对高度 | 蚀积特征 | 地形特征 |
|------|------|----------|----------|----------|
| 平原 | <200 m | 50 m 以下 | 沉积为主 | 平坦，偶有浅丘孤山 |
| 盆地 |  | 盆心盆高差 500 m 以上 | 内流盆地以沉积为主，外流盆地不定，海拔较高的以侵蚀为主 | 内流盆地地势平坦，外流盆地分割为丘陵 |
| 高原 | >1 000 m | 比附近低点高出 500 m 以上 | 剥蚀为主 | 古侵蚀面或沉积面保留部分平坦，其余部分崎岖 |
| 丘陵 | <500 m | 50～500 m | 流水侵蚀为主 | 宽谷低岭，或聚或散 |
| 中山 | 500～3 000 m | 500 m 以上 | 流水侵蚀，化学风化为主 | 有山脉形态，但分割较碎 |
| 高山 | 3 000 m 以上 |  | 冻裂作用极强，山峰有冰川 | 尖峰峭壁，山形高俊 |

### 8. 排水及灌溉情况

根据地表径流、土壤透水性及土内排水等归纳土壤排水情况。排水情况可分三种类型。

（1）排水不良。在土壤中地下水面接近地表，土质黏重，呈蓝灰色或具有大量锈纹、锈斑。

（2）排水良好。水分在土壤中容易渗透，多为质地较轻的土壤。

（3）排水过速。在较陡斜的山坡或丘陵，水分沿地表流失，很少进入土壤中，土壤经常干燥，或在某些砂土及砾质土壤上，土壤中大孔隙较多，水分一经渗入即行排出，植物因缺水生长不良。

灌溉情况系指有无灌溉条件、灌溉方式（沟灌、畦灌、漫灌、喷灌或滴灌）以及灌水种类（井水、河水、湖水、污水、自来水）等。

### 9. 地下水位

可根据剖面挖掘时地下水出露的深度来记载，或从附近水井中观测。

### 10. 地面侵蚀情况

自然侵蚀现象主要有水蚀、风蚀及重力侵蚀三种类型。记载以水蚀情况为主，如遇有风蚀及重力侵蚀的情况时，再另行详细记载。

水蚀可分为土壤流失（片蚀）和冲刷（沟蚀）两类，其侵蚀情况可依据表 2.4-3 记载。

**表 2.4-3　土壤水蚀等级标准**

| 类　型 | 等　级 | 说　明 |
|---|---|---|
| 片　蚀 | 无侵蚀 | 枯落物层保留完整 |
| | 轻　度 | 枯落物层被部分流失 |
| | 中　度 | $A_1$ 层部分流失 |
| | 强　度 | B 层部分流失 |
| | 剧　烈 | 母质或母岩层出露 |
| 沟　蚀 | 轻　度 | 侵蚀沟占地面面积<10% |
| | 中　度 | 侵蚀沟占地面面积 10%～20% |
| | 强　度 | 侵蚀沟占地面面积 20%～50% |
| | 剧　烈 | 侵蚀沟占地面面积>50% |

### 11. 剖面位置

用绘制断面草图示意。图中应注意附近地物（房屋、河流、其他固定标记）、方位角、剖面位置、距离等。

### 12. 土壤剖面形态的记载

（1）颜色。

土壤颜色是最易辨别的土壤特征，也是区分土壤最明显的标志。颜色可以反映某些土壤的肥力状况。

土壤的主要颜色为黑、红、黄、白等色。黑色一般来自土壤有机质，土壤越黑肥力一般越高。红色是由土壤中氧化铁引起的，干燥失水情况下的氧化铁呈鲜红色。氧化铁因失水程度不同，表现出多种颜色，有黄棕、棕黑、棕红等色。氧化铁在还原状态下则呈深蓝、蓝、绿、灰、白等色。黄色为水化氧化铁所生成，因此，除母岩、母质为黄色外，一般呈黄色的土壤多分布在排水较差或气候比较湿润的区域。而红色土壤常分布在排水良好及相对湿度比较低的区域。某些矿物（如石英、长石）或盐类（易溶盐、碳酸盐等）较多，则增加土壤的白色。

在辨别土壤颜色时，常因光线强弱和土壤湿润程度的差异，产生土壤颜色判断的错误。所以观察土壤颜色时要求用湿润的土壤，在光线一致的情况下进行。颜色命名以次要颜色在前，主要颜色在后，如"红棕色"是以棕色为主、红色为次。

（2）土壤发生层及其代表符号。

土壤剖面不是均一的，而是由一些形态特征、物质组成和性质各不相同的层次重叠在一起所构成。这些层次一般大致呈水平状态，叫土壤发生层。它的形成是土壤形成过程中物质迁移、转化和积聚的结果。

自然土壤剖面一般分为四个基本层次，见表 2.4-4。农业土壤剖面是在不同的自然土壤剖面上发育而来的，旱地和水田由于长期在利用方式、耕作、灌排措施及水分状况上不同，土壤层次构造也明显不同，见表2.4-5。

**表 2.4-4　自然土壤剖面发生层**

| 发生层 | 符号 | 亚层符号 | 国际符号 | 层次特点 |
|---|---|---|---|---|
| 覆盖层 | $A_0$ | $A_{00}$ | O | 疏松的枯枝落叶层，未经分解 |
| | | $A_0$ | | 暗色半分解有机质层 |
| 淋溶层 | A | $A_1$ | $A_h$ | 暗色腐殖质层 |
| | | $A_2$ | E | 颜色浅，常为灰白色，质地较轻，养分贫乏 |
| | | $A_3$ | | 向 B 层过渡层，多似 A 层 |
| 淀积层 | B | $B_1$ | B | 向 A 层过渡层，多似 B 层 |
| | | $B_2$ | | 棕色至红棕色，质地黏，具有柱状或块状结构 |
| | | $B_3$ | | 向 C 层过渡层，多似 B 层 |
| 母质层 | C | $C_c$ | C | 碳酸钙（$CaCO_3$）聚积层 |
| | | $C_s$ | | 硫酸钙（$CaSO_4$）聚积层 |
| | | G | | 潜育层 |
| 基岩 | D | D | R | 半风化或未风化的基岩 |

### 表 2.4-5　农业土壤剖面发生层

| 旱　地 | | | 水　田 | | |
|---|---|---|---|---|---|
| 发生层 | 符号 | 层次特征 | 发生层 | 符号 | 层次特征 |
| 耕作层 | A | 颜色深，疏松多孔 | 耕作层 | A | 较紧实 |
| 犁底层 | P | 紧实，呈片状 | 犁底层 | P | 紧实，呈片状 |
| 心土层 | B | 颜色浅，较紧实 | 斑纹层 | W | 有锈纹锈斑、铁锰结核等 |
| 底土层 | C | 母质层 | 青泥层 | G | 呈蓝灰色或青灰色 |

（3）结构。

是由土粒排列、胶结形成的各种大小和形状不同的团聚体。观察土壤结构时可在自然湿度下，将一捧土在手掌中轻轻揉散，然后观察其大小、形状、硬度以及表面情况等。常见土壤结构类型有以下几类，见表 2.4-6。

### 表 2.4-6　土壤结构类型

| 结构类型 | 结构体 | 结构名称 | 当量直径/mm | 结构形状 |
|---|---|---|---|---|
| 似立方体 | 块　状 | 大块状 | >30 | 棱角明显，但边面不明显，呈不规则无定形，内部较紧实 |
| | | 块　状 | 5～30 | |
| | | 碎块状 | 0.5～5 | |
| | 核　状 | 核　状 | <30 | 多棱角，边面明显，呈棱形，内部紧实 |
| 条柱状 | 柱　状 | 大柱状 | >50 | 棱角边面不明显，顶圆而底平，于土体中直立，干时坚硬，易龟裂 |
| | | 柱　状 | <30 | |
| | 棱柱状 | 大棱柱状 | >50 | 棱角边面明显，有定形，外部有铁质角膜包被，内部紧实 |
| | | 棱柱状 | <30 | |
| 扁平形 | 片　状 | 片　状 | 1～5 | 水平裂开，成层排列，内部紧实 |
| | 鳞片状 | 鳞片状 | <1 | 较薄，略呈弯曲状，内部紧实 |
| 粒　状 | 团　粒 | 粒　状 | >10 | 无棱角，边面不明显，结构内部疏松多孔，多为腐殖质作用下形成的小土团 |
| | | 团　粒 | 0.25～10 | |
| | | 微团粒 | <0.25 | |

（4）石灰反应。

在现场用 1∶3 盐酸滴加在土壤上，根据产生泡沫的有无和强弱，来确定土壤化学性质和估测碳酸钙的含量。一般有四类：

① 无石灰性反应：不起泡沫，以"－"表示。

② 微石灰性反应：有微量泡沫，但消失很快，以"＋"表示。

③ 中石灰性反应：有较强烈的泡沫，但不能持久，以"＋＋"表示。

④ 强石灰性反应：泡沫强烈而持久，碳酸盐含量>5%，以"＋＋＋"表示。

（5）侵入体。

即土壤中的掺杂物。它与土壤形成过程的物质移动和积累无关，如砖块、瓦片、木炭、填土、煤渣、焦碎、石灰渣、砾石、垃圾等物质。农业耕作土壤中较为常见。

（6）pH 值。

现场用混合指示剂在瓷盘或蜡纸上进行土壤 pH 值速测。如有必要可采集土样带回室内用酸度计测定。

（7）质地。

不同大小矿质颗粒（砂粒、粉粒、黏粒）的相对含量，即土壤的砂黏性。野外调查是可用手测法来鉴别，见表 2.4-7。

表 2.4-7　土壤质地测定方法（手测法）

| 序号 | 质地名称 | | 土壤状态 | 干捻感觉 | 能否湿搓成球 | 湿搓成条状况 |
|---|---|---|---|---|---|---|
| | 国际制 | 苏联制 | | | | |
| 1 | 砂土 | 砂土 | 松散的单粒状 | 研之有沙沙声 | 不能成球 | 不能成条 |
| 2 | 砂质壤土 | 砂壤土 | 不稳固的土块轻压即碎 | 有砂的感觉 | 可成球，轻压即碎，无可塑性 | 勉强成断续短条，易断 |
| 3 | 壤土 | 轻壤土 | 土块轻搓即碎 | 有砂质感觉，绝无沙沙声 | 可成球，压扁时边缘有多而大的裂缝 | 可成条，提起即断 |
| 4 | 粉砂壤土 | | 有较多的云母片 | 面粉的感觉 | 可成球，压扁边缘有大裂缝 | 可成条，弯成 2 cm 直径圆即断 |
| 5 | 黏壤土 | 中壤土 | 干时结块，湿时略黏 | 较难捻碎 | 湿球压扁边缘有小裂缝 | 细土条弯成的圆环外缘有细裂缝 |

| 序号 | 质地名称 | | 土壤状态 | 干捻感觉 | 能否湿搓成球 | 湿搓成条状况 |
|---|---|---|---|---|---|---|
| | 国际制 | 苏联制 | | | | |
| 6 | 壤黏土 | 重壤土 | 干时结大块，湿时黏韧 | 硬，很难捻碎 | 湿球压扁边缘有细散裂缝 | 细土条弯成的圆环外缘无裂缝，压扁后有 |
| 7 | 黏土 | 黏土 | 干时放在水中吸水慢，湿时有滑腻感 | 坚硬捻不碎 | 湿球压扁的边缘无裂缝 | 压扁的细土环边缘无裂缝 |

（8）紧实度。

它反映土壤的紧密程度和孔隙状况。土壤在干燥状态下的紧实度可以依据表 2.4-8 现场确定标准，也可用土壤硬度计测定。

表 2.4-8　土壤紧实度确定标准

| 等级 | 方法 | |
|---|---|---|
| | 用小刀插入或划痕 | 用手瓣土块 |
| 极紧实 | 用很大力也不易把小刀插入剖面中，划痕明显但很细 | 用手瓣不开 |
| 紧实 | 用较大的力才能将刀插入土中 1～3 cm，划痕粗糙且边缘不齐 | 用力可瓣开 |
| 适中 | 稍用力就将刀插入土中 1～3 cm，划痕宽而匀 | 容易瓣开 |
| 疏松 | 用较小力就可将刀插入土中 5 cm 以上，但土壤尚不易散落 | 很易散碎 |
| 松散 | 很容易将刀插入，且土壤随刀经过之处，随即散落 | 松散，没有黏结性 |

（9）湿度。

土壤剖面各层湿度的鉴别，可以了解该土壤毛细管水活动的情况，以及土壤的保水、渗水性能。现场鉴定方法可参照湿度的手测法标准，见表 2.4-9。

表 2.4-9　土壤湿度手测定法

| 土壤质地 | 湿　度 | | | | |
|---|---|---|---|---|---|
| | 干 | 稍润 | 润 | 潮 | 湿 |
| 沙性土（沙土、沙壤土、轻壤土） | 无湿的感觉，土壤松散，吹之尘土飞扬，含水约3% | 稍有微凉的感觉，土块一触即散，含水约10% | 有凉的感觉，可捏成团，放手中不散，含水约15% | 手握后有湿痕，可握成团，但不能任意变形，含水约20% | 稍微挤压，水分即从土中流出，含水约25% |
| 壤性土（中壤土、重壤土） | 无湿的感觉，多成块成团，可以捏碎，含水4%~7% | 稍有凉的感觉，土块捏时易碎，含水约10% | 有凉的感觉，用手滚压可成形，但落地就碎，含水约15% | 能成团成条，落地不碎，含水20%~25% | 黏手，可成形，但易变形，含水25%~30% |
| 黏性土（黏土） | 无湿的感觉，土块较大，坚硬难碎，含水5%~10% | 稍有微凉的感觉，土块用力捏时易碎，含水10%~15% | 有凉的感觉，用手滚压可成各种形状，但开裂，含水25%~30% | 能搓成粗条，但有裂痕，搓成细条即断裂，含水25%~30% | 黏而韧，能成团成条成片，不开裂，含水35%~40% |

（10）新生体。

在土壤形成过程中，由于水分上下运动和其他自然作用，使某些矿物质盐类或细小颗粒在土壤内某些部位聚集，形成土壤新生体。新生体是判断土壤性质、物质组成和土壤生成条件极为重要的依据，参照表2.4-10确定新生体种类。

表 2.4-10　土壤中新生体种类

| 新生体种类 | 主要化学成分 |
|---|---|
| 盐结皮、盐霜 | 易溶性盐类 |
| 锈斑、绣纹铁盘、铁锰结核 | 氧化铁、氧化锰 |
| 假菌丝、石灰结核、眼状石灰斑 | 碳酸钙 |

（11）根系含量。

剖面各层土壤的植物根量可根据其密集程度分为盘结（占土体50%以上）、多量（占土体25%~50%）、中量（占土体10%~25%）、少量（占土体10%以下）、无根系等五级。若能鉴别出根系属于哪种

植物，也应加以注明。

（12）土壤综合特征。

整个土壤剖面形态特征的综合，可作为土壤利用的直接参考资料，各项均可以利用土层的特征为标准进行记载。

（13）土壤名称。

通过调查访问，可以记载当地群众生产中的习用名称。若无从了解时也可沿用学名，参照中国土壤系统分类表中的"土类"记载。

## 二、实习仪器与用具

海拔仪，土壤硬度计，测高器，指北针土壤 pH 混合指示剂及比色卡，瓷盘，剖面刀，钢卷尺，铁锹，盐酸（1∶3），蒸馏水，记录板等。

## 四、实习步骤

（1）土壤剖面挖掘的位置选定后，即可开始挖掘。通常挖成长 1.5～2 m，宽 1～1.5 m，深度以达到母质、母岩或地下水面的长方形土坑。尽量保证挖好后的观察面向阳（便于观察），且观察面上方不要踩踏和堆土，以保持植被和枯落物的完整。挖出的表土与心土放在土坑的两侧，与观察面相对的一面，可修成阶梯状，便于观察者上下土坑。在山坡上挖掘土壤剖面时，应使剖面与等高线平行，且与水平面垂直。

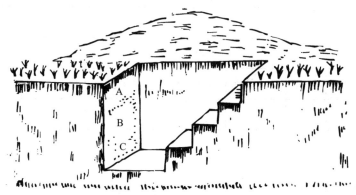

图 2.4-1 土壤剖面示意图

（2）根据土壤剖面的颜色、结构、质地、松紧度、湿度、植物根系情况等，自上而下地划分土层，进行仔细观察，将结果分别记入表 2.4-11，表 2.4-12。

（3）调查完毕后，清理调查仪器工具，填埋土坑，使地面尽量恢复原貌。

表 2.4-11　土壤剖面性状记载表

| 发生层 | 符号 | 深度/m | 颜色 | 质地 | 湿度 | 结构 | 松紧度 | 根系情况 | 新生体 | 石灰反应 | 侵入体 |
|---|---|---|---|---|---|---|---|---|---|---|---|
|  |  |  |  |  |  |  |  |  |  |  |  |
|  |  |  |  |  |  |  |  |  |  |  |  |
|  |  |  |  |  |  |  |  |  |  |  |  |
|  |  |  |  |  |  |  |  |  |  |  |  |
|  |  |  |  |  |  |  |  |  |  |  |  |

表 2.4-12　土壤剖面记载表

| 剖面野外编号 |  | 土壤名称 |  | 调查时间 |  |  |
|---|---|---|---|---|---|---|
| 剖面室内编号 |  | 土壤俗称 |  | 调查地点 |  |  |
| 调查人 |  |  |  |  |  |  |
| 土壤剖面环境条件 | | | | | | |
| 地表状况 | 母质 | 植被状况 | 地形 | 地下水位深度/m | 地下水质 | 侵蚀状况 |
|  |  |  |  |  |  |  |
| 土壤剖面位置说明及示意图 |  |  |  |  |  |  |

## 五、实习报告

（1）整理并分析调查结果，比较自然土壤与农业耕作土壤在土壤理化特性上有哪些主要差异。

（2）根据调查结果，针对如何合理利用农业耕作土壤提出自己的建议。

# 实习五
# 园林植物群落样方最小面积调查

## 一、实习目的

通过实地调查使学生掌握确定植物群落样方最小面积的方法。

## 二、实习原理

在对植物群落进行调查之前首先要确定调查样方面积。所选择调查的样方面积应一般不小于群落的最小面积。最小面积是指能够反映群落基本特征，包含群落绝大多数物种的最小样方面积称作最小面积或者叫作表现面积。最小面积通常是根据种-面积曲线来确定的。

法国的生态学学者在研究群落样方最小面积调查方法时提出了巢式样方法。即在研究草本植被类型的植物种类特征时，所用样方面积最初为 $1/64 \ \text{m}^2$，之后依次为 $1/32$，$1/16$，$1/8$，$1/4$，$1/2$，$1$，$2$，$4$，$8$，$16$，$32$，$64$，$128$，$256$，$512 \ \text{m}^2$，期初植物种类随着面积的扩大而迅速增加，直至继续扩大面积时植物种类很少增加或不再增加。依次记录相应面积中物种的数量，把含样地总和数 84% 的面积作为群落最小面积。调查面积扩大方法如图 2.5-1 所示。

针对不同的群落类型，巢式样方起始面积和面积扩大的级数有所不同，对于草本群落最初的面积为 $10 \ \text{cm} \times 10 \ \text{cm}$；对于森林群落则至少为 $5 \ \text{m} \times 5 \ \text{m}$。一般环境条件越优越，群落的结构就越复杂，组成群落的植物种类就越多，相应的最小面积就越大。

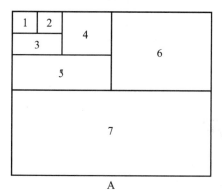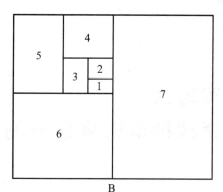

图 2.5-1 巢式样方最小面积调查示意图

## 三、实习仪器与用具

测绳，钢卷尺，记录表，坐标纸，GPS 等。

## 四、实习步骤

选择植物生长比较均匀的地方，根据群落类型，用钢卷尺或测绳群定基础面积，根据巢式样方最小面积调查方法，不断扩大取样面积，记录相应面积出现的植物中名称及数量数和种的名录。

## 五、实习报告

（1）在坐标纸上以面积为横坐标、种类数目为纵坐标作出群落的最小面积图。

（2）分析植物群落调查样方最小面积研究的意义。

# 实习六
# 森林种群密度效应测定

## 一、实习目的

通过本实习让学生掌握林地植物密度效应的调查和分析方法，加深对种群竞争作用的理解。

## 二、实习原理

种群密度效应是植物种内竞争的表现形式之一。种群密度越高，邻接个体间的距离越小，植株彼此之间对光、水、营养物质等资源的竞争就越激烈，从而限制植物生长发育的速度及个体形态与重量，甚至导致植株死亡，即表现出密度效应。一般密度效应在森林中可以通过测量植株和最近邻株的生物量（最近邻体个体联合大小）及两者之间的距离进行判定。在实际测量中，常用植株的胸径大小代表生物量大小，最近邻体个体联合大小可以表示为测量木胸径与最近邻体胸径之和。邻体个体联合大小与间距之间的相关系数可按下列公式计算：

$$r = \frac{\sum \ln x \ln y - \left(\sum \ln x \sum \ln y\right)/n}{\sqrt{\left[\left(\sum \ln x\right)^2 - \left(\sum \ln x\right)^2/n\right]\left[\left(\sum \ln y\right)^2 - \left(\sum \ln y\right)^2/n\right]}}$$

式中　$x$——最近邻体联合胸径（测量木胸径与最近邻体胸径之和）；

　　　$y$——最近邻体间距离；

　　　$n$——记录的最近邻体数。

$r$ 显著性可通过查二值表（自由度为 $n-2$）得到。如果 $r$ 为正值并达到显著水平，说明邻体个体大小和间距之间存在显著正相关，即邻体距离越小，邻体个体越小，说明所调查种群中表现出明显的密度效应。

## 三、实验仪器与用具

测绳，皮尺，钢卷尺，围尺，粉笔，计算器，记录板等。

## 四、实习步骤

（1）选择一乔木种群，在代表性地段设置 30 m × 20 m 的标准地。

（2）以两个最近邻体个体为单位，调查两两之间的距离和每棵树的胸径（已调查过的树木用粉笔标记），将种群名及调查数据记入表 2.6-1。

表 2.6-1　种群密度效应调查表

| 组　号 | | 调查人 | | 日　期 | |
|---|---|---|---|---|---|
| 近邻体与胸径/cm | 近邻体 1 | | 近邻体 2 | | 近邻体 3 |
| | | | | | |
| 距离/m | | | | | |
| 近邻体与胸径/cm | 近邻体 4 | | 近邻体 5 | | … |
| | | | | | |
| 距离/m | | | | | |
| 统计 | $r =$ | | $r_{n-2} =$ | 是否存在密度效应： | |

（3）按 $r$ 显著性公式计算 $r$ 值，查对 $r$ 值表（自由度为 $n-2$）判断该种群是否存在明显的密度效应。

## 五、实验报告

整理表 2.6-1，判断所选种群是否存在显著密度效应，如果存在密度效应，分析密度效应对该种群生长影响的主要表现。

**【注意事项】**

（1）在计算中，树种胸径大小与株间距离要一一对应，注意不可混淆。

（2）分析密度效应是否显著时，可以利用 Excel 对联合胸径大小和株间距进行相关性分析，获得 $r$ 值，查表判断显著性。

# 实习七
# 生命表及其编制

## 一、实习目的

通过对某一种群各年龄时期的存活个体数的调查结果绘制该种群的生命表，由此来领会生命表的生态学意义，了解生命表的类型及其结构，掌握生命表的编制方法。

## 二、实习原理

生命表又称死亡表，系依某种群的年龄、性别分类所观察的死亡率为基础，将该种群因死亡而减少的情形归纳成一简单的统计表，由此计算出的种群生命期望值等特征值，并可绘制存活曲线等重要信息。生命表一般有以下几种类型：

（1）动态生命表：以一群大致相同年龄个体为起始点，始终跟踪各年龄阶段的种群动态，记录其繁殖和死亡个体数，直至该年龄群全部死亡为止。这样的研究方法被称为同生群分析，适用于世代周期短、世代不重叠的种群。

（2）静态生命表：根据某一特定时间对种群做一年龄结构的调查资料而编制的生命表。该生命表一般作为难以获得动态生命表数据情况下的补充，适用于世代重叠且稳定的种群。

（3）图解生命表：将某世代个体数的动态特征以图解的形式直观地表现出来便成了图解生命表。适用于生活史简单的种群。

总之，生命表是描述种群死亡过程及存活情况的一种有用工具，它包括了各年龄组的实际死亡数、死亡率、存活数及平均期望年龄值等。根据生命表绘制的种群存活曲线图可以直观地描述种群的时间动态。生命表各特征值，见表 2.7-1。

表 2.7-1　生命表

| 年龄($x$) | 存活数($n_x$) | 存活率($l_x$) | 死亡数($d_x$) | 死亡率($q_x$) | $L_x$ | $T_x$ | 生命期望($e_x$) |
|---|---|---|---|---|---|---|---|
| 0 | | | | | | | |
| 1 | | | | | | | |
| 2 | | | | | | | |
| 3 | | | | | | | |
| ... | | | | | | | |

各特征值表示的含义为：

$x$ —— 年龄分段，可为月龄或时期；

$n_x$ —— 年龄为 $x$ 期开始时的存活个体数（原始数据）；

$l_x$ —— $x$ 期开始时的存活率（$n_x/n_0$）；

$d_x$ —— 从 $x$ 到 $x+1$ 期的死亡个体数，$d_x = n_x - n_{x+1}$；

$q_x$ —— 从 $x$ 到 $x+1$ 期的死亡率（$d_x/n_x$）；

$L_x$ —— 从 $x$ 到 $x+1$ 期的平均存活数，$L_x =（n_x + n_{x+1}）/2$；

$T_x$ —— 进入 $x$ 期的全部个体在进入 $x$ 期以后的存活总个体值，$T_x = \sum L_x$；

$e_x$ —— $x$ 期开始时的平均生命期望或平均余年，主要用于人类生命表，对保险业制定不同年龄人群的保险政策有现实意义，$e_x = T_x/n_x$。

## 三、实习材料

可以根据学校周边实际情况选取某一种群，对该种群以往的资料进行收集并整理，根据调查资料绘制该种群的生命表。

## 四、实习步骤

（1）划分年龄阶段：编制生命表首先要将所研究的种群按年龄分段，根据研究物种的生活史特征，划分年龄组。通常人和树木等按 5~10 年为一年龄分段；羊、鹿鸟等以 1 年为一年龄分段；一年生或一年多胎生物（如鼠类）以 1 个月为一年龄分段。对于一年生昆虫等则根据个体发育的特征（如若虫的龄期）具体划分年龄组。

（2）调查各年龄段开始时的个体存活数，详细记录生命表的原始数据 $n_x$。

（3）依据原始数据 $n_x$ 计算并填写生命表的其他各项特征值，完成生命表内各特征值。

## 五、实习报告

（1）根据调查结果计算生命表中各特征值，完成生命表的编制.

（2）以存活数为纵轴，以年龄为横轴，绘制存活曲线。

（3）分析该种群生命力最旺盛的时期。

# 实习八
# 种-面积曲线的绘制

## 一、实习目的

通过野外调查某一群落种群数量随样方面积增加的变化，绘制种-面积曲线，理解最小面积对野外调查的重要意义。

## 二、实习原理

在野外定量调查某一种群或群落时，首先要确定所要调查区域的样方面积。理论上而言，面积越大越能反映群落内种群及种的数量，但是在实际工作中需考虑人力、物力及资金等现实问题，因此被调查的样方面积应是能包含组成群落的大多数物种的最小面积。

欧洲科学家最先采用"最小面积"对生物群落进行调查，其确定方法为：在拟研究群落中选择植物生长比较均匀的地方，用绳子圈定一块小的面积。对于草本群落，最初的面积为 10 cm×10 cm；对于森林群落则至少为 5 m×5 m。记录这一面积中所有植物的种类。然后，按照一定顺序成倍扩大，逐次登记新增加的植物种类。起初，植物种类数随着面积扩大而迅速增加，随后随着面积的增加种类数目增加幅度减少，直到面积扩大时植物种类很少增加或不再增加。

样方面积扩大的方式：法国的生态学工作者提出巢式样方法，草本群落样地扩大的顺序，如图 2.8-1 所示。即在研究草本类型的植物种类特征时，所用样方面积最初为 1/64m²，之后依次为 1/32，1/16，1/8，1/4，1/2，1，2，4，8，16，32，64，128，256，512 m²，依次记录相应面积中物种的数量。把含样地总种数 84%的面积作为群落最小面积。针对不同的群落类型，巢式样方起始面积和面积扩大化的级数有所不同。

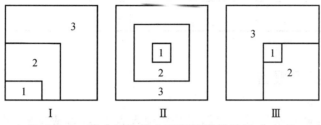

图 2.8-1　草本植物最小面积确定样地扩大方式

## 三、实习仪器与用具

钢卷尺，皮尺，测绳，记录表，方格纸，植物检索表。

## 四、实习步骤

根据实地情况，在校园或学校周边草场，选取两种不同的群落，如草地群落和森林群落，按巢式样方（任选一种方式）统计植物种，记入表 2.8-1 中，最后将调查数据汇总，记入表 2.8-2 中，并将结果绘制成种-面积曲线。

表 2.8-1　植物种数调查表

| 面积 | 序号 | 植物名称 | 数量 |
|------|------|----------|------|
|      | 1    |          |      |
|      | 2    |          |      |
|      | 3    |          |      |
|      | 4    |          |      |
|      | ...  |          |      |

表 2.8-2 植物种数-面积统计表

| 面 积 | | | | | | |
|---|---|---|---|---|---|---|
| 种 类 | | | | | | |

## 五、实习报告

（1）将调查结果及汇总结果分别记入表 2.8-1 和表 2.8-2 中。

（2）如按面积扩大 1/10，种数增加不超过 5%，所研究群落的最小面积为多大？

# 实习九
# 植物群落数量结构调查

## 一、实习目的

植物群落的基本结构包括组成种类的数量结构特征、垂直结构及水平结构。组成群落的各种植物对环境都有一定的要求和反应，在群落中各处于不同的地位和起着不同的作用，所有这些都表现为群落中植物的各项数量特征。因此，获取这些基础数据是分析群落结构的第一步工作。

通过本实习让学生掌握植物群落数量结构特征的调查及计算方法。同时，了解不同种类的植物在群落中的重要性及其与群落类型的关系。

## 二、实习原理

植物群落中各植物间为充分利用空间资源而产生垂直上的分层现象，称为群落的成层现象。典型的植物群落一般包括乔木层、灌木层、草本层、苔藓地衣层四个层次，还有一些附生的本质藤本等层间植物，植物地下根系也相应表现为成层分布。为了更深入地研究植物群落，在查清了它的种类组成之后，还需要对种类组成进行定量分析，种类组成的数量特征是近代群落分析技术的基础。群落的数量特征主要包括以下几种指标：

### 1. 密　度

密度是指单位面积上植物种的个体数目，单位是株/$m^2$或株/$hm^2$，是一个实测值。其公式表达为：

$$D = N/S$$

式中　$D$——密度；

　　　$N$——样地内某种植物的个图数目；

　　　$S$——样地面积。

密度的倒数即为每株植物所占的单位面积。密度的数值受到植物分布格局的影响。

### 2. 多　度

多度指调查样地上植物种的个体数目。在一个群落中对于多度较大的种来说，无疑该群落所在地的环境对它的生存及繁殖较为合适，同时也表明该种植物对群落环境及其他植物种有较大的影响。一般处于主要层中个体数量最大的种即为群落的建群种，它对群落环境、结构和发展方向起着最大的支配作用。

常用的确定多度的方法有两种：一为直接计数法（记名计数法），即在一定面积的样地中，直接点数各种群的个体数目；二为目测估计法，即按预先确定的多度等级来估计单位面积上个体的多少。两种方法都被广泛使用。对树木种类或在详细的群落研究中，常用直接计数法；植物个体数量大而体形小的群落，如灌木、半灌木、草本植物群落或在粗放性的调查中，常用目测估计法，其已有的等级划分和表示方法，见表 2.9-1。

表 2.9-1　常用的多度等级

| Drude/德鲁提 | | Clements/克雷门茨 | | Braun-Blanquet/布朗-布朗特 | |
|---|---|---|---|---|---|
| Soc.( Sociales ) | 极多 | D/Dominant | 优势 | 5 | 非常多 |
| Cop.( Copiosae ) Cop³ | 很多 | A/Abundant | 丰富 | 4 | 多 |
| Cop² | 多 | | | 3 | 较多 |
| Cop¹ | 尚多 | F/Frequent | 常见 | 2 | 较少 |
| Sp. ( Sparsae ) | 少 | O/Occasional | 偶见 | | |
| Sol.( Solitariae ) | 稀少 | R/Rare | 稀少 | 1 | 少 |
| Un ( Unicun ) | 个别 | VR/Very Rare | 很少 | + | 很少 |

### 3. 盖度与显著度

盖度是指植物地上部分垂直投影所覆盖的面积占样地面积的百分比，也称为投影盖度。林业上常用郁闭度表示林木层的盖度。林分郁闭度指林冠垂直投影面积占样地面积的比例（通常以 0~1 的小数表示）。乔木种和乔木层的郁闭度测定方法很多，常用的有树冠投影法、样线法、统计法和郁闭度测定器法。每种方法各有其优缺点，野外调查中可以根据实际情况选用。

（1）树冠投影法。

树冠投影法是把样地内所有乔木（一般指高度 3 m 以上的树木）在坐标纸上定位，用皮尺测定每株树的树冠冠幅大小，至少要测东—西、南—北、东南—西北和西南—东北四个方位，并结合实际树冠形状在坐标纸上画出树冠投影图，重叠的部分用虚线，其他用实线。最后计算树冠投影图上每个树种树冠覆盖面积与总样地面积的比例，得到各树种的郁闭度，如果直接计算所有乔木的树冠覆盖面积与总样地面积的比例，即可得到乔木层的郁闭度，树冠重叠的部分只计算 1 次。树冠投影法比较精确，但是工作量大，只适合乔木稀疏的群落。

树种郁闭度＝该树种树冠垂直投影面积/样地面积

乔木层郁闭度＝所有乔木树种垂直投影的面积/样地面积

（2）样线法。

样线法是在样地上设置若干条样线，分别测定样线总长度和沿样线上各树种树冠投影覆盖的长度，就可以计算各树种的郁闭度。同时测定记录所有树种的树冠投影覆盖长度，就可以计算出乔木层的郁闭度。重叠部分只计算一次，通常可以在样地等距离设置 5~6 条样线，也可以只沿样地的对角线设置两条样线。调查某一树种树冠垂直投影所覆盖的样线长度（$L_n$）及所有乔木树种树冠垂直投影所覆盖的样线长度（$L'$），分别计算各树种郁闭度和乔木层总郁闭度。

树种郁闭度＝该树种所覆盖的样线长度（$L_n$）/样线总长度（$L$）

乔木层郁闭度＝所有乔木树种覆盖的样线长度（$L'$）/样线总长度（$L$）

样线法实际上是把树冠投影法进行了简化，工作量大大降低，因此适用于大多数森林群落，但是如果群落乔木层树种多、树冠重叠多，加上高度太高（如热带雨林），很难在地面准确地判断哪些是树冠投影范围，哪些是空隙，此时样线法不太适用。

（3）统计法。

统计法是对样线法的简化，是在样地内等距离设置若干条样线，沿着样线等距离设置若干个点，就每个点记录其是在每个树种树冠投影范围内（标记为1）还是在外（标记为0），最后根据落在每个树种树冠投影内的点数和总点数的比值计算各树种郁闭度。

统计法简单易行，但是要达到一定的精度，需要一定的点数保证，以及样线在样地的合理分布。一般建议等距离设置5~6条样线，每条样线上采用每走一步一个点的方法，最后总点数不少于120个。

树种郁闭度 = 该树种所覆盖的1的个数/（1+0）的个数

乔木层郁闭度 = 所有乔木树种覆盖的1的个数/（1+0）的个数

（4）郁闭度测定器法。

郁闭度测定器与统计法的原理一致，只是应用了郁闭度测定器。郁闭度测定器是一个表面等距离分布有100个圆点的凸面镜，在群落中水平放置时，树冠投影显示在上面，可以比较清晰地数出被树冠投影覆盖的点数或者空白的点数，从而可以计算出郁闭度。但是郁闭度测定器上不容易区分树种，所以不适合测定分种的郁闭度，对于只需要层郁闭度的研究是适合的。具体方法是沿着样地设置若干样线，沿样线设置若干点，在每个点上记录树冠投影所覆盖的点数或者空白点。

乔木层郁闭度 = 该树种所覆盖的点数/总点数

物种的盖度除用绝对值表示外，还常用盖度等级表示，以便于数量化，一般使用布朗-布朗特（Braun-Blanquet）盖度等级法，见表2.9-2。

**表 2.9-2 Braun-Blanquet 盖度等级**

| 级 别 | 盖度/% | 平均数/% | 以十分法标示 |
| --- | --- | --- | --- |
| 5 | 100~75 | 87.5 | 0.88 |
| 4 | 75~50 | 62.5 | 0.63 |
| 3 | 50~25 | 37.5 | 0.38 |
| 2 | 25~5 | 15.5 | 0.15 |
| 1 | <5 | 2.5 | 0.03 |
| + | | 0.1 | |

基部盖度是指植物的基部所覆盖的面积，也称为真盖度。乔木的基

盖度特称为显著度。对于草原群落，常以离地面 2.54 cm 高度的断面积计算；而对森林群落，则以树木胸高 1.3 m 处的断面积计算。

$$显著度 = 胸高断面积或基部断面积/样地面积 \times 100\%$$

### 4. 频度与群聚度

频度是指群落中某种植物出现的样方数占整个样方数的百分比。可表示为：

$$频度 = 某物种植物出现的样方数/全部样方数目 \times 100\%$$

群聚度是指某种植物株间的群聚程度，是反映植物在群落中水平分布状况的指标。通过植物的群聚度可以了解植物在该群落中适宜生长的程度，并反映出立地条件、人为活动、动物的影响和植物种间关系及竞争能力。通常采用法瑞学派的 5 级制调查，并经常和多度、盖度联合估计数值一起计算。群聚度的分级划分标准为：

1—单株生长；

2—少数植株成小组或小丛生长；

3—植株生长成小班块、小垫或大丛；

4—植株生长成大斑块、地毯或连续的垫子；

5—植株生长成大群或大垫，完全覆盖整个地面，大部分是纯的种群。

### 5. 重要值

重要值是表示植物在群落中相对重要性的指标。重要值越大的植物种，在群落结构中的重要性越大，对群落环境、外貌和发展方向的影响作用也越大。种的重要值通常是综合种的多度或密度、盖度或显著度、频度或群聚度指标计算得出：

$$重要值 = （相对多度 + 相对盖度 + 相对频度）/3　或$$

$$重要值 = （相对多度 + 相对显著度 + 相对群集度）/3$$

式中：

$$相对多度 = 某种各样方多度之和/（该层中）所有种各样方多度之和 \times 100\%$$

$$相对盖度 = 某种的各样方盖度之和/（该层中）所有种各样方盖度之和 \times 100\%$$

相对频度＝某个种的频度/（该层中）所有种频度之和×100%

重要值常分不同生活型，即分层（乔木层、灌木层、草本层）计算，因而在统计多度、盖度、频度之和时分层统计，分层计算相对多度、相对盖度、相对频度或相对显著度、相对群集度。此外，相对多度即等于相对密度，乔木层或草本群落相对盖度常以相对显著度代替，灌木和草本群落可以相对群聚度代替相对频度。

根据不同植物种重要值差异，可综合确定群落各层次的优势种、亚优势种、伴生种、偶见种及群落的建群种。

## 三、实习仪器于用具

测绳，皮尺，花秆，海拔仪，记录板，粉笔，测高器，郁闭度测定器，罗盘仪，记录表，计算器。

## 四、实习步骤

### 1. 实验地选择

选择有代表性的典型森林群落（或地带性群落），用测树罗盘仪确定方位和距离，设置 20 m×30 m 的标准地。

### 2. 每木检尺

在标准地中，每木测定乔木树种的 1.3 m 处胸径，分树种及径阶记入表 2.9-3，径阶按 2 cm 整化，5 cm 径阶起测，下限排外法。如测得一株直径为 12.4 cm 的树木，则在该树种一行的"12"径阶中记一笔（画"正"字），12 cm 径阶包括 11.1～13.0 cm 直径的树木，其他类推；6 cm 径阶即包括 5.1～7.0 cm 的树林。计算乔木种的密度与径阶胸高断面积及显著度（或基部盖度）。

### 3. 郁闭度调查

采用样线法调查不同树种的郁闭度。即沿标准地两对角线设置样线，在样线上分别测出各树种树冠所截（即覆盖）的样线长度，记入表 2.9-3。计算各乔木种的郁闭度。

表 2.9-3　群落乔木层数量特征调查记载表

| 组　号 | | 样地面积/cm | | 调查日期 | | | | |
|---|---|---|---|---|---|---|---|---|
| 地　点 | | | 调查人 | | | | | |
| 树　种 | | | | | | 总　计 | 林　分 | |
| 径阶/cm | 6 | | | | | | | |
| | 8 | | | | | | | |
| | … | | | | | | | |
| | 40 | | | | | | | |
| | 42 | | | | | | | |
| 总株数 | | | | | | | | |
| 密度/（株/hm²） | | | | | | | | |
| 断面积之和 | | | | | | | | |
| 显著度 | | | | | | | | |
| 郁闭度 | 截线长 | | | | | | | |
| | $L'/L$ | | | | | | | |

## 4. 盖度调查

在标准地中按梅花形布设 5 个 2 m × 2 m 和 1 m × 1 m 的小样方，采用记名计数法分别在每个小样方中调查灌木、草本的种类及株数（即多度），目测估计法测定灌木、草本的种盖度及灌木层、草本层的总盖度，记入表 2.9-4 中。计算各灌木、草本种的平均多度和平均盖度。同时根据灌木、草本种在群落中水平分布状况，目测估计各种的群集度，记入表 2.9-4 中。

表 2.9-4　灌木和草本植物多度、盖度调查记载表

| 组号 | | 样方面积/m² | | 样方数/个 | | 调查日期 | | 调查人 | | |
|---|---|---|---|---|---|---|---|---|---|---|
| 层次 | 种类 | 株　数 | | | 平均多度 | 盖　度 | | | 平均盖度 | 群集度 |
| | | 1 | 2 | … | | 1 | 2 | … | | |
| 灌木层 | | | | | | | | | | |
| | | | | | | | | | | |
| 草本层 | | | | | | | | | | |
| | | | | | | | | | | |

### 5. 频度统计

在标准地内机械布设 30 个 1 m×1 m 的小样方，在每个小样方中逐一调查所出现的全部植物种类（包括乔、灌、草种类，不计株数），小样方中出现该种时即打"√"，记入表 2.9-5，分别统计不同植物种的频度。

表 2.9-5　植物群落种类分布的频度记载表

| 组号 | | 小样方面积/m² | | | 总样方数/个 | | |
|---|---|---|---|---|---|---|---|
| 调查人 | | | | | 调查日期 | | |
| 种名 | | | | | | | |
| 1 | | | | | | | |
| 2 | | | | | | | |
| … | | | | | | | |
| 30 | | | | | | | |
| 频度 | | | | | | | |

### 6. 重要值统计

分层统计各植物种的重要值。乔木层按：

$$重要值 I =（相对多度＋相对盖度＋相对频度）/3$$

$$重要值 II =（相对多度＋相对显著度＋相对频度）/3$$

灌木、草本层按：

重要值Ⅲ＝（相对多度＋相对盖度＋相对频度）/3

## 五、实习报告

（1）整理表 2.9-3，统计乔木种及林分的总株数、胸高断面积及树冠所截样线长度；计算乔木种及林分的密度、显著度和郁闭度。

（2）整理表 2.9-4，计算各灌木、草本种的平均多度、平均盖度和群集度。

（3）计算群落各层中不同植物种的重要值，根据重要值大小分析不同种类在该层及群落中的重要性，并指出群落的建群种、各层优势种。

# 实习十
# 植物群落垂直分布及生态现象观测

## 一、实习目的

在各个水平带的山地上，植被按高度交替变化呈地带性分布，被称为植物分布的垂直地带性。通过本实习让学生了解山体植被垂直地带性的主要群落类型及其分布范围，掌握植被分布的垂直地带性规律。同时，认识物种在不同海拔高度上其物候期和季相的差异及其形成原因，认识不同海拔高度植物种类组成及生长上的差异，了解其主要影响因子或限制因子。

## 二、实习原理

从低海拔平地向高山上升，气候条件逐渐变化。通常海拔每升高 100 m，气温下降 0.5～1 ℃，湿度则随着海拔升高而增大，其他气候因子及其配合方式都会有很大的变化。气候条件的垂直差异，导致了植被垂直分布上的变化，形成了具有一定特点的植被垂直带。植物与环境之间长期的相互作用，形成了各种各样的植物个体与群体适应类型；同时植物与植物之间也以各种各样的形式相处，形成相应的自然生态现象。山体自然生态现象主要有以下几种：

### 1. 植被分布的垂直地带性规律

任何植物群落的存在都与其生境条件密切相关，随着地球表面各地环境条件的变化，植被类型呈现出有规律的带状分布，这就是植被分布的地带性规律。这种规律表现在纬度、经度和垂直方向上，其主导因子是水热条件的规律性变化。垂直地带性是随海拔高度的升高，植被类型呈现有规律的带状分布现象。不同植被类型在垂直上的带状分布组合称为植被的垂直带谱。垂直带谱与山体所在水平位置（即纬度）有关，垂直地带性规律从属于水平地带性规律。每一山体自下而上依次分布的植被类型，与山脚所处水平位置向高纬度地区依次分布的植被类型相对应。山体海拔越高、山体所在地纬度越低，则垂直带谱越完整。

### 2. 高山物候现象

植物适应于一年中气候条件的节律变化，而形成与之相适应的生长发育节律，称为物候。随着海拔的升高，年均气温降低，春季植物的物候推迟，春末开花植物表现为明显的花期推迟。秋季开花植物花期会随海拔的升高而提前。物候期观察项目包括休眠期（落叶树的芽形芽色、常绿树的叶色）、萌芽期、抽枝期、展叶期、开花期、坐果期、果实膨大期、落叶期等，每个时期又分始期、盛期、末期。

### 3. 高山植物的生态适应现象

高山植物尤其是山顶植物由于日照充足、短波辐射强烈，植物普遍矮化，如乔木树种灌木化，节间缩短，植株粗壮；同时由于山顶风力强劲，土壤贫瘠，土层薄，山顶植物可能会紧贴地面生长，多数出现明显的偏冠甚至旗冠；高海拔地带由于紫外线、强风及低温等作用，植物矮化等抗寒、抗旱适应更为明显，且花色鲜艳。

### 4. 季相变化

随着气候的季节性交替，群落呈现不同外貌的现象，称为季相。

### 5. 种内种间关系

植物种内种间关系包括树冠摩擦与树干挤压、攀缘附生、寄生与半寄生、竞争、共生、他感作用等。特别是气候温暖潮湿、终年云雾缭绕的山体，为各种附生植物提供了有利的生存环境，因而附生现象十分普遍，如地衣、苔藓、蕨类植物在树皮上的附生，常春藤、络石在连香树、柏木上的攀缘附生，还可见到强烈的种内竞争导致的优胜劣汰、自然稀疏现象和偏冠等现象。

## 三、实习仪器与用具

罗盘仪，测高器，海拔仪，围尺，钢卷尺，皮尺，测绳，记录板，pH 混合指示剂，比色卡，瓷盘等。

## 四、实习步骤

（1）在已知高程点校正海拔仪，即将海拔仪刻度盘转至指针指向已知高程上。

（2）在选定的植被垂直带谱上，按海拔高度每隔 100 m 确定一个具有代表性的典型植被类型。

（3）调查并记载该群落所处的海拔高度、坡向、坡度、土壤 pH 值、土壤类型（如山地黄壤、山地黄棕壤、山地棕壤、山地暗色森林土、山地草甸土、山地沼泽土、红壤等）以及群落各层优势种、人为干扰程度（强、中、弱），确定地带性植被类型和群落名称（双名法）。结果记入在表 2.10-1 中。

**表 2.10-1　群落垂直地带性类型调查记载表**

| 组别 | | 调查人 | | | | 调查时间 | | | |
|---|---|---|---|---|---|---|---|---|---|
| 海拔高度/m | 坡向 | 坡度 | 土壤 pH 值 | 土壤类型 | 人为干扰 | 优势种 | | 群落名称 | 植被类型 |
| | | | | | | 乔 | 灌 | 草 | | |
| | | | | | | | | | | |
| | | | | | | | | | | |
| | | | | | | | | | | |
| | | | | | | | | | | |

（4）在每一海拔高度的植物群落中，分别调查记载乔木层主要种类的物候期、平均株高、平均节间距、树冠色彩、树冠形状（塔形、圆形、伞形等）、偏冠状况、种内种间关系类型及相关物种等。结果记入在表 2.10-2 中。

表 2.10-2　乔木层生态现象调查记载表

| 组　别 | | 调查人 | | | | | 调查日期 | | | |
|---|---|---|---|---|---|---|---|---|---|---|
| 海拔高度 | 群落名　称 | 主要种类 | 物候期 | 平均株高/m | 平均节间距/m | 树冠色彩 | 冠形 | 是否偏冠 | 种内种间关系 | |
| | | | | | | | | | 类型 | 相关物种 |
| | | | | | | | | | | |
| | | | | | | | | | | |
| | | | | | | | | | | |
| | | | | | | | | | | |

（5）分别调查记载群落中灌木层和草本层的主要种类、物候期、平均株高、平均节间距、花色、叶片色彩、生长状况（良、中、差）、种内种间关系类型及相关物种等。结果分别记入在表 2.10-3，表 2.10-4 中。

表 2.10-3　灌木层生态现象调查记载表

| 组别 | | 调查人 | | | | | 调查日期 | | |
|---|---|---|---|---|---|---|---|---|---|
| 海拔高度 | 群落名称 | 主要种类 | 物候期 | 平均株高/m | 平均节间距/m | 叶片色彩 | 生长状况 | 种内种间关系 | |
| | | | | | | | | 类型 | 相关物种 |
| | | | | | | | | | |
| | | | | | | | | | |
| | | | | | | | | | |
| | | | | | | | | | |

表 2.10-4　草本层生态现象调查记载表

| 组别 | | 调查人 | | | | | 调查日期 | | |
|---|---|---|---|---|---|---|---|---|---|
| 海拔高度 | 群落名称 | 主要种类 | 物候期 | 平均株高/m | 花色 | 叶片色彩 | 生长状况 | 种内种间关系 | |
| | | | | | | | | 类型 | 相关物种 |
| | | | | | | | | | |
| | | | | | | | | | |
| | | | | | | | | | |
| | | | | | | | | | |

## 五、实习报告

（1）整理表 2.10-1，分析山体北坡垂直地带性植被类型的分布范围及各植被类型所包含的主要群落类型，并说明不同类型群落与环境条件之间的关系。

（2）整理表 2.10-2，表 2.10-3，表 2.10-4，比较分析不同海拔高度的同一物种（或相近物种）在物候期、季相上的差异，说明高山植物的主要生态适应特征及其成因。

（3）根据调查结果总结山体植物种间种内关系的主要类型，对物种双方的利弊。

（4）比较不同海拔高度植物种类组成及植物生长上的差异，并分析其主要影响因子或限制因子。

# 实习十一
# 园林植物群落生活型谱分析

## 一、实习目的

通过实习使学生了解植物生活型的分类及植物生活型谱的绘制方法，并掌握植物群落生活型谱的生态学意义。

## 二、实习原理

在相同的生活条件下，不同亲缘关系的生物可以通过趋同适应产生相同的生活型（life form）。生活型是生态学中物种以上的分类单位，是生物对于综合环境条件长期适应而形成的类型。植物生活型是对综合生境条件长期适应而在外貌上表现出来的生长类型，如乔木、灌木、草本、藤本、垫状植物等，其形成是不同植物对相同环境条件产生趋同适应的结果。不同的植物群落具有不同的生活型组成。

自 19 世纪初洪堡（von Humboldt）以外貌特征划分生活型至今，已有多种植物生活型分类系统。目前，最广泛应用的是丹麦植物生态学家劳恩凯尔（C.Raunkiaer）建立的生活型分类系统，依据植物越冬休眠芽的位置与适应特征，将高等植物分为高位芽、地上芽、地面芽、地下芽和一年生植物五大生活型类群。在各类群的基础上，按植物的高度、茎的质地、落叶或常绿等特征，再分为 30 个较小的类群。

### 1. 高位芽植物（phaenerophyte，Ph）

高位芽植物是指渡过不利生长季节的芽或顶端嫩枝位于离地面较高处的枝条上，至少距地面 0.25 m 以上。如乔木、灌木和热带潮湿地区的大型草本植物都属此类。

根据芽距离地面的高度，又可将其分为大型高位芽植物（Meg.Ph，30 m 以上）、中型高位芽植物（Mes.Ph，8～30 m）、小型高位芽植物（Mic.Ph，2～8 m）和矮小型高位芽植物（N.Ph，0.25～2 m）四类。再根据常绿或落叶，芽有无芽鳞保护的特征，将其进一步分为 12 个类型，加上肉质多浆汁高芽位植物，多年生草本高芽位植物和附生高芽位植物，合计有 15 个类型。

### 2. 地上芽植物（chamaephyte，Ch）

地上芽植物是指芽或顶端嫩枝位于地表或接近地表，距地表的高度不超过 20～30 cm，在不利于生长的季节中能受到枯枝落叶层或雪被的保护。例如高山的矮小垫状植物，干旱地区的矮小灌木及半灌木。

地上芽植物可分为四个类型：矮小半灌木地上芽植物；被动地上芽植物，即一些枝条太纤弱而不能直立只能平伏于地面的植物；主动地上芽植物，这类植物也平伏于地面，但枝条并不纤弱，而是主动地横向伸展；垫状植物。

### 3. 地面芽植物（hemicryptophyte，H）

地面芽植物是指在不利季节时地上的枝条枯萎，其地面芽和地下部分在表土和枯枝落叶的保护下仍保持生命力，到条件合适时再度萌芽。例如，大部分多年生草本，多数蕨类植物、冬季的草本藤本植物等。

地面芽植物可分为原地面芽植物、半莲座状地面芽植物、莲座状地面芽植物三个类型。

### 4. 地下芽植物（geophyte，G）

地下芽植物也称隐芽植物，芽埋在土表以下，或位于水体中以渡过恶劣环境。例如，多年生的根茎、块茎、块根、鲜茎等地下芽植物、部分根茎有蕨类植物，绝大部分的水生植物，个别草质藤本植物等。

地下芽植物可分为 7 个类型：根茎地下芽植物（如芦苇、姜等），块茎地下芽植物（如马铃薯），块根地下芽植物（如胡萝卜、大丽花等），鳞茎地下芽植物（如洋葱、百合等），没有发达的根茎、块茎、鳞茎的地下芽植物，沼泽植物和水生植物。

### 5. 一年生植物（therophytes，T）

一年生植物以种子度过不利季节。还有一些附加的编写代号：阔叶

（B）、针叶（N）、藤本（L）、木质藤本（WL）、草质藤本（H.L）、附生（E.P）、寄生（P），等等。

　　将一个地区的植物类型按阮基耶尔（Raunkier，1934）的生活型标准分类，再列表比较各类生活型的数量对比关系，这就构成了该地区的植物群落生活型谱。一个地区的生活型谱可用以反映该地区的气候特征，比较和分析各类植物群落的生活型谱，则可以反映各类群落的生境特点，特别是气候特点。在生物群落中，建群的优势植物的生活型往往决定着群落的形态和外貌。因此，对群落生活型的分析是以外貌为原则的群落分类的基本依据，据此也能对群落结构和群落生态得到更深入的了解。此外，研究生活型在不同条件下的变化，对引种工作也有意义。

　　根据上述植物生活型分类系统，通过对某一植物群落进行调查，根据调查结果计算出每一个生活型类别植物种的百分率，即：

　　　　某一生活型的百分率（%）=该生活型的植物种数×100/该群落所有植物种数

　　根据所得到的生活型百分率可以绘制群落的生活型谱，如图 2.11-1 所示。

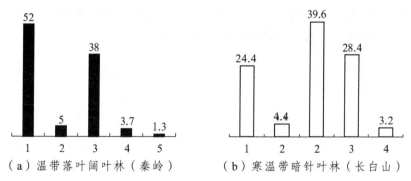

（a）温带落叶阔叶林（秦岭）　　　　（b）寒温带暗针叶林（长白山）

**图 2.11-1　植物群落生活型谱图例**
1—高位芽植物；2—地上芽植物；3—地面芽植物；
4—地下芽植物；5—一年生植物

　　温带落叶阔叶林中高位芽植物占优势，地面芽植物次之，这反映了该群落所在地的气候炎热多雨，但有一个较长的严冬季节；寒温带暗针叶林中地面芽植物占优势，地下芽植物次之，高位芽植物又次之，这反映了当地有一个较短的夏季，但冬季漫长，严寒而潮湿。

## 三、实习步骤

首先调查研究区域植物种的数量，并记下名称，同时根据上述五大类生活型分类依据将各个种进行分类，可以直接目测植物高度和休眠芽的位置，将观测结果记录在表 2.11-1 中。根据调查数据，统计群落总种数和每一类型生活型植物种数，计算每类生活型的百分数，绘制生活型谱。

表 2.11-1 _____地区植物生活型谱调查表

调查地点： 群落名称： 取样面积： 调查时间： 调查人：

| 生活型 | Ph | Ch | H | G | T | 合计 |
|---|---|---|---|---|---|---|
| 种数/个 | | | | | | |
| 百分数 | | | | | | |

## 四、实习报告

（1）根据实习调查结果，绘制该地区植物群落生活型谱。
（2）根据植物群落生活型谱分析该地区气候条件。

# 实习十二
# 园林植物群落物种多样性的测定

## 一、实习目的

生物多样性指在一定时间和一定地区所有生物物种的多样化和变异性以及物种生境的生态复杂性。生物多样性可分为遗传多样性、物种多样性和生态系统多样性三个层次。通过对园林植物群落进行调查，使学生进一步了解物种多样性的重要意义，掌握α-多样性指数测定群落物种多样性的方法。培养学生热爱自然保护生态环境的意识。

## 二、实习原理

物种多样性反映了群落内种的丰富度和多度，具有两种涵义：一是种的数目或丰富度，指一个群落或生境中物种数目的多寡；二是种的均匀度，指一个群落或生境中全部物种个体的数目分配状况，反映了各物种个体数目分配的均匀程度。多样性指数是衡量物种多样性丰富度和均匀度的综合指标。

通常多样性测度根据测量范围大小分为 3 个范畴：即α-多样性、β-多样性和γ-多样性。

### 1. α-多样性

α-多样性是指在栖息地或群落中的物种多样性，其计算方法为：

（1）辛普森多样性指数（Simpson's diversity index）。

辛普森多样性指数是在一个无限大小的群落中，随机抽取两个个体，对它们属于同一物种的概率是多少进行假设而推导出来的，其公式为：

辛普森多样性指数 = 1 - 随机取样的两个个体属于同种的概率

= 1 - 每个物种的物种个数除以总植株个数的平方的加和

即

$$D = 1 - \sum_{i=1}^{S} P_i^2$$

式中　$D$——辛普森指数；

　　　$S$——物种的数目；

　　　$P_i$——物种 $i$ 的个体数占群落中总个体的比例。

由于取样的总体是一个无限群落，$P_i$ 的真值无法直接得出，所以它的最大必然估计量是：

$$P_i = N_i/N$$

式中　$N_i$——物种 $i$ 的个体数；

　　　$N$——群落中全部物种的个体数。

由此，辛普森指数为：

$$D = 1 - \sum_{i=1}^{S} P_i^2 = 1 - \sum_{i=1}^{S} (N_i / N)^2$$

例如，有两个群落，且群落中只有 A 和 B 两个物种，甲群落中 A、B 两个种的个体数分别为 80 和 20，而乙群落中 A、B 两个种的个体数均为 50，按辛普森多样性指数计算：

甲群落的辛普森指数：$D_甲 = 1 - [(80/100)^2 + (20/100)^2] = 0.320\ 0$

乙群落的辛普森指数：$D_乙 = 1 - [(50/100)^2 + (50/100)^2] = 0.500\ 0$

由计算结果可知，乙群落的多样性高于甲群落，引起差异的主要原因是甲群落中两个物种分布不均匀。Simpson 多样性指数中稀有物种所起的作用较小，而普遍物种所起的作用较大。这种方法估计出的群落物种多样性需要较多地样本才能很好地反映群落物种多样性。

（2）香农-维纳指数（Shannon-Wiener index）。

香农-维纳指数是用来描述种的个体出现的紊乱和不确定性。常与辛普森多样性指数共同使用。其计算公式为：

$$H = -\sum_{i=1}^{S} P_i \log_2^{P_i}$$

式中　$H$——物种多样性指数；

　　　$S$——物种的数目；

　　　$P_i$——物种 $i$ 的个体数占群落中总个体的比例。

公式中对数的底可取 2、e 和 10，但单位有所不同，分别是 nit、bit 和 dit。

以上述甲乙两个群落为例计算，则香农-维纳指数为：

$$H_{甲} = -\sum_{i=1}^{S} P_i \log_2^{P_i} = -(0.80 \times \log_2^{0.80} + 0.20 \times \log_2^{0.20}) = 0.72 \text{ nit}$$

$$H_{乙} = -\sum_{i=1}^{S} P_i \log_2^{P_i} = -(0.50 \times \log_2^{0.50} + 0.50 \times \log_2^{0.50}) = 1.00 \text{ nit}$$

由计算结果可知，乙群落的多样性高于甲群落，与辛普森多样性计算结果一致。

物种数越多，各物种个体分配越均匀，香农-维纳指数越高，指示群落多样性越好。

当群落中有 $S$ 个物种，每一物种恰好只有一个个体时，$H$ 达到最大，即：

$$H_{\max} = -S[1/S \times \log_2^{(1/S)}] = \log_2^{S}$$

当群落中全部个体为一个物种时，多样性最小，即：

$$H_{\min} = -S/S \times \log_2^{(S/S)} = 0$$

因此，我们可以将均匀度和不均匀性计算公式分别定义为：

$$E = H/H_{\max}$$

式中　$E$——均匀度；

　　　$H$——实际观察的物种多样性；

　　　$H_{\max}$——最大物种多样性。

$$R = (H_{\max} - H)/(H_{\min} - H_{\min})$$

式中　$R$ ——不均匀性，取值为 $0 \sim 1$；

　　　$H$ ——实际观察的物种多样性；

　　　$H_{max}$ ——最大物种多样性；

　　　$H_{min}$ ——最小物种多样性。

### 2. β-多样性

β-多样性是衡量在地区尺度上物种组成沿着某个环境梯度方向从一个群落到另一个群落的变化率。可以定义为沿着某一环境梯度物种替代的程度或速率、物种周转速率、生物变化速率等。测度β-多样性的重要意义有：①可以反映生境变化的程度；② 可以指示生境被物种分隔的程度；③ 可以用来比较不同地段的生境多样性；④ β-多样性与α-多样性一起构成了总体多样性或一定地段的生物异质性。

### 3. γ-多样性

γ-多样性是地区间的物种多样性，反映的是最广阔的地理尺度，指在不同地点的同一类型生境中，物种组成随着距离或随地理区域的延伸而改变的程度。控制γ多样性的生态过程主要为水热动态，气候和物种形成及演化的历史。

α-多样性、β-多样性和γ-多样性三者的关系可以表示为：

$$\gamma = \alpha \cdot \beta$$

## 三、实习仪器与用具

测绳，皮尺，卷尺，测高仪，GPS，海拔仪，计算器等。

## 四、实习步骤

### 1. 样地的选择

在校园或学校周边地区选择一个落叶阔叶林群落,选择群落结构完整，层次分明；生境条件一致，特别是地形和土壤条件基本要一致，能反映该群落生境特点的地段；样地要设在群落中心的典型部分，避免选生态过渡带；选取样地实物作为标记，以便明确观察范围。样方面积为 10 m×10 m 或 20 m×20 m，再将样方划分为 5 m×5 m 的 4 个或 16 个网格的小样方。对样方进行调查，将调查结果记入在表 2.12-1 中。

表 2.12-1 园林植物群落物种多样性调查表

| 调查者： | | 样方号： | | 日期： | |
|---|---|---|---|---|---|
| 植物群落类型： | | | | | |
| 地理位置 | 纬度： | | 经度： | | 海拔： |
| 地貌： | | | 土壤类型： | | |
| 坡向： | | 坡度： | | 地形： | 坡位： |
| 群落内地质情况： | | | 人为及动物活动情况： | | |

### 2. 群落内各数量指标的调查

（1）乔木层数据调查：在每个 5 m×5 m 的小样方内识别乔木层树种的数目，目测出样方的总郁闭度。然后统计每个树种的株数，测量胸径、树高以及目测每个树种的郁闭度。将调查结果记录在表 2.12-2 中。

表 2.12-2 乔木层物种多样性调查表

群落名称_____ 样地面积_____ 野外编号_____ 第_____页
调查时间_____ 调查者_____

| 编 号 | 植物名称 | 胸径/cm | 高度/m | 株 数/株 | 郁闭度 | 备 注 |
|---|---|---|---|---|---|---|
| 1 | | | | | | |
| 2 | | | | | | |
| ... | | | | | | |

（2）灌草层数据的调查：在同样的 5 m×5 m 的小样方内识别灌木层中的物种数，目测每个灌木种类的盖度、平均高度以及多度。在 10 m×10 m 的样方中随机选取 5 个 1 m×1 m 的草本植物样方，然后进行草本层植物种类、每个植物物种的盖度、平均高度以及多度调查，调查结果记录在表 2.12-3 中。

**表 2.12-3　灌草层物种多样性调查表**

群落名称_____　样地面积_____　野外编号_____　第_____页
调查时间_____　调查者_____

| 编　号 | 植 物 名 称 | 株丛数 | 盖　度 | 平均高度/cm | 备　注 |
|--------|------------|--------|--------|------------|--------|
| 1 | | | | | |
| 2 | | | | | |
| … | | | | | |

# 五、结果计算

采用辛普森多样性指数（$D$）和香农-威纳多样性指数（$H$）对调查结果进行计算。

# 六、实习报告

（1）整理调查结果表，对调查结果进行计算及分析。
（2）分析生物多样性的重要意义及如何保护生物多样性。

# 实习十三
# 园林树木群落生物量的测定

## 一、实习目的

园林树木群落的生物量是园林绿化生态系统生产力的重要指标，直接反映了园林绿化生态系统结构的优劣和功能的强弱。通过实习，让学生掌握平均标准木法测定树木群落的原理及方法。

## 二、实习原理

树木群落生物量包括乔木层生物量、林下植被生物量。林下植被生物量常采用收获量测定法进行测定（见实验十九），若采用此方法对乔木层生物量进行测定，其工作量和破坏性很大，故很少采用。树木群落生物量测定方法比较常用有：

（1）平均标准木法，又称单级法（胡伯尔，1825），是不分级求标准木的方法。即在选择样方内，以每木调查结果计算出全部立木的平均胸高断面积，把最接近于这个平均值的数株立木作为标准木，伐倒测定平均木各部分器官的干物质重，用单位面积上的立木株数乘以平均木的总干重或各部分器官的干重，然后对各部分求和，便可得单位面积上该树木群落的生物量。此方法取样株数少，简单易行，较适合于立木大小一致、分布均匀的同龄人工林，而对异龄林生物量估计的效果要差。

（2）分级标准木法，即将标准地全部林木分为若干个径级（每个径级包括几个径阶），在各级中按平均标准木法测算生物量，而后叠加得总生物量。包括等株径级标准木法（Urich V，1881）、等断面积径级标准木法（Hartig R，1868）、径阶等比标准木法（Draudt，1860）。

树木群落生物量是乔木层生物量与林下植被生物量的总和，林下植被生物量的测定采用收获量测定法，下面只介绍以平均标准木法测定园林树木群落生物量的方法。

## 三、实习仪器与用具

测高器，测杆，测绳，卷尺，围径尺，枝剪，电锯，木锯，1.3 m 标高杆，标签，麻袋，小布袋，镐头，台秤，烘箱，记录表，记号笔。

## 四、实习步骤

### 1. 样地（标准地）的选择

（1）基本选择原则。

要充分考虑林龄、树种类型、生长状况和立地条件等，选择具有代表性的地段作为样地。样地应远离林缘、道路及河流等。

（2）样地的形状和面积。

样地通常设为正方形或长方形，其中一边长度至少要比该森林最高树木的树高长，可取 10 m×10 m、20 m×20 m 或 30 m×30 m 的面积，在树种组成单一、林相整齐而又较密的中、幼林中，可适当减少到 100~200 m$^2$；反之，面积可适当增大到 1 000 m$^2$ 以上，用测绳圈好。

### 2. 每木测算

每木测算即对样地内全部树木，逐一测定每株树种的胸高直径、树高等，并做好记录，每测一树要在树上做上编号，避免重复测定或漏侧，同时便于标准木选取。胸径直径 D 是采用 1.3 m 高的标杆，在树干一侧地表面立上标杆，在标杆的上端，用卷尺测定树干的圆周长，以此求出直径，或用测围尺直接量得直径，如果一株树从基部分生为 n 个枝干，则每个枝干的胸径都必须测量。树高 H 的测定是采用测杆或测高器为工具，以测量者能看到树木顶端为准，尽量减少误差。将样方内所用树木订单胸高直径和树高测量完后，对测量数据进行整理，求其平均值。

### 3. 平均标准木选定及测量

在每木测定的基础上，在样地内将胸高直径在平均值附近的几株立木作为平均标准木，避免选择分叉木、弯曲木、畸形木及病害危害木。

（1）标准木地上部分的调查和测定。

将标准木沿基部伐倒的，首先用卷尺和轮尺，分别将树高（$H$）、第一活枝高、最下叶层高、树冠直径、基部直径、1.3 m 处胸高直径等逐一测量，并记录。随后，将地上部分树干连同枝、叶、果实，按分层切割法，即在 1.3 m 和以后每隔 2 m 作为一个区分断开，树梢处不足 1 m 的按梢头处理。对断开的区分段，要分别在不同高度或层次测定干、枝、叶和果实的鲜重，并分别测定新枝（幼枝）、新叶、枯枝（叶）的质量。有的树种枝叶繁茂，可根据树冠的不同层次（上、中、下）和不同方位（东、南、西、北）分别按比例取一部分带叶的枝条样品，混合称重，随后立即将叶迅速摘除称重，根据两者质量之差，可求出单位质量的枝叶比，然后按这个比例，求算各区分段或整株的枝和叶的鲜重，分别取 500 g 左右的树干（树材和树皮）、枝、叶、果等样品，带回实验室，于 80 ℃烘干至恒重，求出各部分的干重和鲜重之比，再以各部分的鲜重乘以干重率求出各部分的干重。

（2）标准木地下部分的调查和测定。

标准木地下部分根系的调查和测定是既费力又耗时的一项工作，特别是树龄较高、生长繁茂的大树。对于浅根系的树种，可将根系全部挖出，清除泥土，并将根系按不同的径级进行分类，即根桩、枯根、粗根（≥2 cm）、中根（1~2 cm）、小根（0.2~1 cm）、细根（≤0.2 cm），分别将各径级的根系称重，并求出其鲜重，在称鲜重时应尽量将根上附着的泥沙去掉，对于细根则可放入筛内用水冲洗，然后用纸或布把附着的水吸干后晾一晾再称重。将各部分的鲜重合计，即为整株标准木地下部分根系的鲜重。采取各个径级根系样品，带回实验室，于 80 ℃烘干至恒重，求出各部分的干重和鲜重之比，再以各部分的总鲜重乘以干重率求出各部分的干重。

## 五、结果计算

用标准木生物量的平均值 $\overline{W}$ 乘样地内该树种的株数 $N$，求出单位面积上树木生物量，即：

$$M = (N \times \overline{W}) / A$$

式中　$M$——单位面积树木生物量（kg/m$^2$）；

　　　$N$——样地内某树种的株数（株）；

　　　$\overline{W}$——标准木生物量的平均值（kg/株）；

　　　$A$——样地面积（m$^2$）。

也可以对标准木生物量 $W$ 和胸高面积 $S$ 求和，以及样地面积 $A$ 内所有该树种的胸高面积 $s$ 求和，然后用下式计算乔木生物量 $M$，即：

$$M = \frac{\sum W}{A} \times \frac{\sum S}{\sum s}$$

式中　$M$——单位面积树木生物量（kg/m$^2$）；

　　　$W$——标准木生物量总和（kg/株）；

　　　$A$——样地面积（m$^2$）；

　　　$S$——标准木胸高面积总和（cm$^2$）；

　　　$s$——样地内某树种胸高面积总和（cm$^2$）。

## 六、实验报告

（1）对实习数据进行整理，计算所测样地树木生态系统的生物量，比较不同树种生物量之间的差异，分析原因。

（2）样地选择时需要注意哪些问题，为什么？

（3）如何提高平均标准木法测定树木生态系统的精度？

# 实习十四
# 植物群落的更新与演替调查

## 一、实习目的

通过本实习让学生掌握群落乔木种更新与演替调查及评价的方法。同时，了解分层频度法调查群落演替趋势的方法步骤及群落演替分析的方法。

## 二、实习原理

### 1. 群落更新

群落的更新状况主要指乔木层主要树种的幼苗、幼树更新状况，特别是优势种的更新状况。只有当一个树种有足够的幼苗和幼树，才能保证该树种能够在群落中一直存在下去，也是群落稳定性的表现。一般采用 M.E.特卡钦法评价乔木层树种的幼苗、幼树更新等级，见表 2.14-1。

表 2.14-1　M.E.特卡钦法乔木层更新等级

| 更新苗数/（株/hm²） | 更新等级 |
| --- | --- |
| >10 000 | 更新良好 |
| 5 001 ~ 10 000 | 更新中等 |
| 2 000 ~ 5 000 | 更新不足 |
| <2 000 | 不更新 |

评价过程中，如果发现某树种幼苗、幼树的出现频度 < 50%，那么评价等级要相应地降低一个等级。如某树种的更新苗数为 6 000 株/hm²，但是更新苗的频度为 40%，则该树种的更新评价等级不是更新中等，而

是下降一个等级，为更新不足。

### 2. 群落演替

群落演替同样能够反映群落的稳定性以及预见群落未来的发展方向。群落演替的研究方法很多，有历史学方法（历史文献、古生物学、孢粉分析、残遗种分析、碳化木分析等）、样地调查法（分层频度调查法、径级木法、林木结构图解法、永久样地重复观测法等）、数学分析法（马尔可夫过程分析、转移概率等）。在研究群落近期演替趋势时，通常采用分层频度法，即根据群落中的乔木种在不同层次中的分布频度来确定群落的演替趋势。分层频度法简便实用，其具体方法是将森林群落按下列标准分层：

主林层：林冠顶端至林冠下沿；

演替层：林冠下沿至距地面 1 m 高处；

更新层：距地面 1 m 高处至地面。

根据森林群落中各树种在各层中的频度分布，可进行森林群落近期演替趋势分析。凡在更新层和演替层中频度较高，且生长良好，而在主林层中频度很低甚至没有的树种，为群落的进展种，它们将成为乔木层的优势种；在主林层中频度很高，而演替层、更新层频度很少或没有出现，且生长衰弱的树种为群落的衰退种，将被其他树种代替而从群落中消失；凡在各层中具有正常的频度曲线，即在各层中出现的频度大小为更新层 > 演替层 > 主林层的树种，即为群落的巩固种，在未来一段时期内将继续正常生活在该群落内；在各层中频度均很小，或只在某一层有所出现，株数较少的树种为群落的偶见种。根据群落中种类组成的特性可判断群落的近期演替趋势。

## 三、实习仪器与用具

罗盘仪，测高器，测绳，钢卷尺，皮尺，花秆，记录板，计算器等。

## 四、实习步骤

（1）选择自然或半自然群落，在群落踏查的基础上，于典型地段用测树罗盘仪确定方位和距离，设置一个 20 m×30 m 的样地，用测绳把四个边围好，测高器用于坡度修正。

（2）在样地中均匀设置 30 个 1 m×1 m 的小样方。实际操作时按小样方的设置逐一用皮尺拉一条样带，在样带上用花秆和 1 m 长的树枝与皮尺配合，等距离逐一围合出小样方，围合一个小样方即调查一个。在样方内逐一调查乔木各树种的更新苗数量（3 m 以下的植株），更新苗无论是健康还是衰弱，出现即计数，健康株 1 株计 1 株，衰弱株 1 株折算为 0.5株，死亡株不计，结果记入表 2.14-2 中。同时逐一调查各乔木种（包括主林层现在没有的）在主林层、演替层和更新层是否出现，出现则在相应的栏中打"√"，记入表 2.14-3 中。

（3）根据表 2.14-2 计算各树种更新苗的频度（该树种在 30 个样方中出现的样方数的百分比）。并统计各树种更新苗数量，换算株/hm²。按照各树种更新苗的数量和频度进行更新等级评价。

（4）根据表 2.14-3 计算各树种在主林层、演替层和更新层中的频度。

## 五、实习报告

（1）根据调查结果统计群落乔木层主要种的更新苗数量和频度，评价更新等级，并提出保证群落自然更新的措施。

（2）根据调查结果计算群落乔木种的分层频度，指出各树种在演替中属于哪种演替种，并分析群落的发展方向和稳定性。

表 2.14-2　群落乔木层树种的更新苗记载表

| 组号 | 调查人 | | | | | | | | | 调查时间 | | |
|---|---|---|---|---|---|---|---|---|---|---|---|---|
| 树种 | | | | | | | | | | | ... | |
| 样方 | 健康 | 衰弱 | 小计 | 健康 | 衰弱 | 小计 | 健康 | 衰弱 | 小计 | 健康 | 衰弱 | 小计 |
| 1 | | | | | | | | | | | | |
| 2 | | | | | | | | | | | | |
| ... | | | | | | | | | | | | |
| 30 | | | | | | | | | | | | |
| 总计 | | | | | | | | | | | | |
| 频度 | | | | | | | | | | | | |
| 更新等级 | | | | | | | | | | | | |

### 表 2.14-3　群落分层频度记载表

| 组号 | | 调查人 | | | | | | | 调查日期 | | |
|---|---|---|---|---|---|---|---|---|---|---|---|
| 树种 | | | | | | | | | | ... | |
| 层位 | 主林 | 演替 | 更新 | 主林 | 演替 | 更新 | 主林 | 演替 | 更新 | 主林 | 演替 | 更新 |
| 1 | | | | | | | | | | | | |
| 2 | | | | | | | | | | | | |
| ... | | | | | | | | | | | | |
| 30 | | | | | | | | | | | | |
| 频度 | | | | | | | | | | | | |
| 演替种型 | | | | | | | | | | | | |

# 实习十五
# 城市园林植物群落配置设计

## 一、实习目的

园林植物配置的优劣直接反映了园林工程建设质量的好坏。园林植物的配置不仅要植物的生长发育规律，而且要符合人类审美需求。通过对城市不同功能区的园林植物群落进行调查，让学生了解园林树木群落的组成与结构必须与城市功能区环境要求相适应；掌握根据园林植物的生活特性、主要功能及形态特征对城市居民区、商业区、休闲娱乐区及街道两旁进行园林植物配置与设计的基本方法。

## 二、实习仪器与用具

测高器，卷尺，植物检索表，植物志，图鉴，记录表，绘图纸，直尺等。

## 三、实习步骤

（1）选取具有代表性的城市不同功能区（如居住区、商业区、休闲广场、公园、及街道绿地等），对群落的地理位置、生长环境及植物类型进行调查，调查结果记录于表 2.15-1 和表 2.15-2 中。

表 2.15-1　园林植物群落基本情况调查表

| 城市功能区： | | 调查者： | | 调查日期： | |
|---|---|---|---|---|---|
| 植物群落类型： | | | | | |
| 地理位置 | 纬度： | | 经度： | | 海拔： |
| 气候条件： | | | 土壤类型： | | |
| 社会背景： | | | | | |

表 2.15-2　城市_____区园林植物调查表

群落名称_____　调查时间_____　调查人_____　第____页

| 序　号 | 植物名称 | 类型 | 胸径/cm | 高度/m | 株　数/株 | 备　注 |
|--------|----------|------|---------|--------|----------|--------|
| 1 | | | | | | |
| 2 | | | | | | |
| ... | | | | | | |

（2）对调查区园林植物群落植物类型、植物特性进行归类分析，总结不同植物在不同城市功能区的生态作用。

（3）绘制群落配置的平面图及立面图。

（4）自定某一城市功能区，根据该功能区地理位置、气候条件、土壤状况及社会功能等进行植物群落配置的详细设计，绘制设计平面效果图，并撰写设计说明书。设计要求为：

① 植物群落配置设计应遵循植物配置原则，能充分体现生态环境条件与植物特性的一致，充分展现园林植物设计的美感。

② 可充分发挥个人想象力进行独具特色的群落配置及景观设计。

③ 设计说明书应尽量详尽。

## 四、实验报告

（1）总结所调查的主要园林植物的生活习性、形态特征以及在园林植物位置中的主要作用。

（2）设计某城市功能区的园林植物配置，并撰写设计说明书。设计书内容应包括功能区背景条件、设计原则、园林植物种类及在配置中的主要作用、群落水平结构设计、群落垂直结构设计、该配置设计的特色等。

# 参考文献

[ 1 ]　国庆喜，王晓春，孙龙. 植物生态学实验实习方法[M]. 哈尔滨：东北林业大学出版社，2004.

[ 2 ]　侯福林. 植物生理学实验教程[M]. 北京：科学出版社，2010.

[ 3 ]　尚玉昌. 普通生态学[M]. 北京：北京大学出版社，2010.

[ 4 ]　刘燕. 园林花卉学[M]. 2 版. 北京：中国林业出版社，2009.

[ 5 ]　贺学礼. 植物生物学[M]. 北京：科学出版社，2009.

[ 6 ]　冷平生. 园林生态学[M]. 北京：中国农业出版社，2003.

[ 7 ]　付荣恕，刘林德. 生态学实验教程[M]. 北京：科学出版社，2004.

[ 8 ]　ANN M. WIESE，LARRY K. BINNING，江荣昌. 杂草发育的阈值温度确定法[J]. 杂草科学，1989，1：7-9.

[ 9 ]　张平平，何中虎，夏先春，等. 高温胁迫对小麦蛋白质和淀粉品质影响的研究进展[J]. 麦类作物学报，2005，25（5）：129-132.

[10]　石峰. 低温对园林植物体内渗透物质与丙二醛含量的影响[J]. 山东林业科技，2011，5：85-87.

[11]　姚和金，陈志军，周伟军. 极端温度气候下园林花卉苗木业抗灾现状及对策[J]. 广东园林，2009，6：46-48.

[12]　邓粉芳，刘贺亭，张永刚. 浅谈园林植物生长的极端温度灾害及防御[J]. 科技致富向导，2013，29：109.

[13]　全国农业技术推广服务中心. 耕地地力调查与质量评价[M]. 北京：中国农业出版社，2005.

[14]　刘凤枝. 农业环境监测实用手册[M]. 北京：中国标准出版社，2001.

[15]　朱虹，祖元刚，王文杰，等. 逆境胁迫条件下脯氨酸对植物生长的影响[J]. 东北林业大学学报，2009，37（4）：86-89.

[16]　陈亚鹏，陈亚宁，李卫红，等. 干旱胁迫下的胡杨脯氨酸累积特点分析[J]. 干旱区地理，2003，26（4）：420-424.

[17] 李玲，余光辉，曾富华. 水分胁迫下植物脯氨酸累积的分子机理[J]. 华南师范大学学报（自然科学版），2003，1：126-134.

[18] 陕西省农业局. 植物与植物生理[M]. 西安：陕西科学技术出版社，1983.

[19] 陈建勋，王晓峰. 植物生理学实验指导[M]. 广州：华南理工大学出版社，2006.

[20] 南京农业大学. 土壤农化分析[M]. 2版. 北京：中国农业出版社，1996.

[21] 鲍士旦. 土壤农化分析[M]. 3版. 北京：中国农业出版社，2010.

[22] 杨持. 生态学实验与实习[M]. 北京：高等教育出版社，2008.

[23] 赵可夫. 中国盐生植物[M]. 北京：科学出版社，1998.

[24] 陈敏，杨玉杰，李海云. NaCl胁迫对羽衣甘蓝种子萌发的影响[J]. 北方园艺，2011，（16）：17-19.

[25] 段德玉，刘小京，冯凤莲，等. 不同盐分胁迫对盐地碱蓬种子萌发的效应[J]. 中国农学通报，2003，19（6）：168-172.

[26] 张万钧，王斗天，范海，等. 盐生植物种子萌发的特点及其生理基础[J]. 应用与环境生物学报，2001，7（2）：117-121.

[27] 阎顺国，沈禹颖，任继周，Baker D. A. 盐分对碱茅种子发芽影响的机制[J]. 草地学报，1994，2（2）：12-19.

[28] 陈耀华. 关于行道树遮荫效果的研究[J]. 园艺学报，1988，15（2）：135-138.

[29] 苏雪痕. 植物景观规划设计[M]. 北京：中国林业出版社，2012.

[30] 周志翔. 园林生态学实验实习指导书[M]. 北京：中国农业出版社，2003.

[31] 赵绍文. 林木繁育实验技术[M]. 北京：中国林业出版社，2005.

[32] 郝玉兰，于涌鲲. 植物生物学基础[M]. 北京：气象出版社，2009.

[33] 林思祖，杜玲，曹光球. 化感作用在林业中的研究进展及应用前景[J]. 福建林学院学报，2002，22（2）：184-188.

[34] 宋亮，潘开文，王进闯. 化感活性物质影响种子萌发作用机理的研究进展[J]. 世界科技研究与发展，2006，28（4）：52-57.

[35] 李寿田，周健民，王火焰，等. 植物化感育种研究进展[J]. 安徽农业科，2002，30（3）：339-341.

[36] 袁高庆，黎起秦，叶云峰，等. 植物化感作用在植物病害控制中的应用[J]. 广西农业科学，2009，8：1017-2020.

[37]　罗小勇，苗荣荣，周世军. 16种园林植物不同器官的化感活性[J]. 中国农学通报，2009，25（21）：266-271.

[38]　孙儒泳. 基础生态学[M]. 北京：高等教育出版社，2007.

[39]　黄志强. 叶绿素a测定探讨[J]. 福建分析测试，2014，4：33-36.

[40]　冷维亮，毕钦祥，刘英昊，等. 水库水中叶绿素a测定方法比较[J]. 治淮，2013，12：57-58.

[41]　黄昌妙，叶树才，王潮. 浮游植物叶绿素a测定方法的比较分析[J]. 福建分析测试，2013，4：23-27.

[42]　吴妹英. 叶绿素a测定方法之比较[J]. 福建水产，2011，4：61-63.

[43]　章家恩. 生态学常用实验研究方法与技术[M]. 北京：化学工业出版社，2006.

[44]　杨士弘. 自然地理学实验与实习[M]. 北京：科学出版社，2005

[45]　董东平. 土壤与植物地理野外调查研究[M]. 呼和浩特：内蒙古大学出版社，2007.

[46]　杨林，张淑萍. 北京陆生生物学野外实习指导[M]. 北京：中央民族大学出版社，2006.

[47]　陈波涔，自然地理野外实习[M]. 开封：河南大学出版社，1992.

[48]　金振洲. 植物社会学理论与方法[M]. 北京：科学出版社，2009.

[49]　轻工业部广州轻工业学校，湖南轻工业学校. 制浆造纸分析与检验[M]. 南宁：轻工业出版社，1983.

[50]　秦丽平. 污染物排放高度与最大落地浓度关系的探讨[J]. 山西能源与节能，2010.

[51]　汪葵，吴奇，环境监测[M]. 上海：华东理工大学出版社，2013.

[52]　杨承义，环境监测[M]. 天津：天津大学出版社，1993.

[53]　谢重阁，等. 环境中的苯并α芘及其分析技术[M]. 北京：中国环境科学出版社，1991.

[54]　刘刚，徐慧，谢学俭，等. 大气环境监测[M]. 北京：气象出版社，2012.

[55]　王友保. 生态学实验[M]. 芜湖：安徽师范大学出版社，2013.

[56]　联合国粮农组织，土壤资源开发和保护局. 土壤剖面描述指南[M]. 北京：北京农业大学出版社，1989.

[57]　郭景唐，欧国菁. 中国土壤剖面图谱[M]. 北京：中国科学技术出版社，1991.

[58] 赵其国，龚子同. 土壤地理研究法[M]. 北京：科学出版社，1989.

[59] 上海市园林学校. 园林土壤肥料学[M]. 北京：中国林业出版社，1988.

[60] 黄昌勇，徐建明. 土壤学[M]. 3 版. 北京：中国农业出版社，2010.

[61] 林培. 现代土壤调查技术[M]. 北京：科学出版社，1988.

[62] 杨玉盛，仝川，高人，等. 生态学实验与技术教程[M]. 福州：福建教育出版社，2008.

[63] 周志翔. 应用生态实践教程[M]. 北京：中国农业出版社，2008.

[64] 田大伦. 高级生态学[M]. 北京：科学出版社，2007.

[65] 陈阜. 农业生态学[M]. 北京：中国农业大学出版社，2002.

[66] 骆世明. 农业生态学[M]. 北京：中国农业出版社 2010.

[67] 李振基，陈圣宾. 群落生态学[M]. 北京：气象出版社，2011.

[68] 姜汉侨，段昌群，杨树华，等. 植物生态学[M]. 北京：高等教育出版社，2004.

[69] 赵志模，郭依泉. 群落生态学原理与方法[M]. 重庆：科学技术文献出版社重庆分社，1990.

[70] 孙振钧. 生态学实验与野外实习指导[M]. 北京：化学工业出版社，2010.

[71] 王伯荪. 植物群落学[M]. 北京：高等教育出版社，1987.

[72] 云南大学生物系生态地植物学组. 植物生态与植物群落基本知识[M]. 北京：科学出版社，1976.

[73] 姜汉侨. 植物生态学[M]. 2 版. 北京：高等教育出版社，2010.

[74] 叶镜中. 森林生态学[M]，哈尔滨：东北林业大学出版社，1991.

[75] 丁圣彦. 常绿阔叶林演替系列比较生态学[M]. 开封：河南大学出版社，1999.

[76] 王兵等. 江西大岗山森林生物多样性研究[M]. 北京：中国林业出版社，2005.

[77] 骆世明. 农业生态学实验与实习指导[M]. 北京：中国农业出版社，2009.

[78] 王友保. 生态学实验[M]. 合肥：安徽人民出版社，2010.